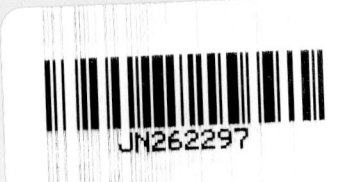

子どもたちの未来を創るエネルギー

子どもたちの未来を創るエネルギー

contents

第4章

電力リテラシー 電力消費ピーク問題 ……………………53

第5章

電力問題の解決策1 電気の消費を減らす ……………………73

第6章

電力問題の解決策2 電気を作り出す ……………………87

第7章

第8章

まえがき

人々は原発をゼロにするか否かを問われている。しかしこの選択肢には欠陥がある。もうひとつの選択肢が示されていないことだ。どちらを選ぶかと問われていながら、もうひとつのプランが示されていない。そのせいで愚かしい言説が流布される。福島原発事故以前にはよく言われていた「原始時代に戻りたいのか」「原発を否定するなら電気を使うな」といった言葉だ。デンマークはそもそも原発を建てていない。ということは、デンマークの人たちはマンモスを追って暮らしているのか。電気はまったく通じていない暮らしなのか。

簡単にわかることなのに、なぜかこんな愚かしい意見によって従わされる。こうした意見を言う人たちの多くは反論に耳を貸そうとしないし、捨て台詞のように吐き捨てるだけだ。きちんと将来に対する二つの案を設定した上で、どちらかを選べるようにしたい。そのもうひとつの案を提示するのがこの本の目的だ。

「電気が必要」のロジック

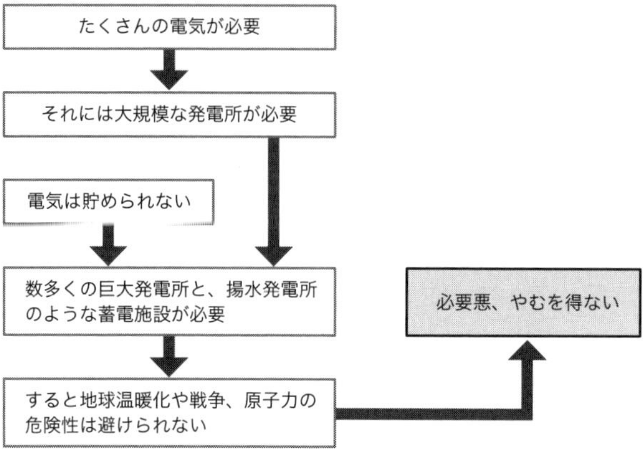

よく言われる「私たちの暮らしに電気は必要だ」というのもミスリードだ。そこに始まって巨大発電設備、巨大送電線網、蓄電設備が必要とされ、現に建てられてきた。その先には地球温暖化や戦争してでも石油を獲得するということ、原子力の危険性を甘受しなければならないことにつながっていた。そして最後は「それが私たちの暮らしの宿命だ、必要悪、やむを得ない」という言葉で将来の子孫たちの未来を破綻させることを余儀なくされてきた。

しかし私たちが必要としているのは電気ではない。「明るさ、温もり、便利さ」なのだ。電気を直接必要とするのは、将来「電気椅子」に座る人ぐらいのもので、他の大多数は電気を直接利用してはいない。「明るさ、温もり、便利さ」ならば、他のものからも得られる。ガスや灯油から暖を取るのもいいし、直接薪やペレットなどを使ってもいい。むしろそのほうが効率が高い。電気を熱に変えるには、発電所で熱を電気に換え、施設と送電で10%失い、原発とセットで建てられる揚水発電所で貯められればさらに3割失い、家庭内に届いてからも待機電力で1割失い、わずか2割だけが熱になる。それなら直接燃やしたほうが効率が高い。

「電気が必要」、もう一つのロジック

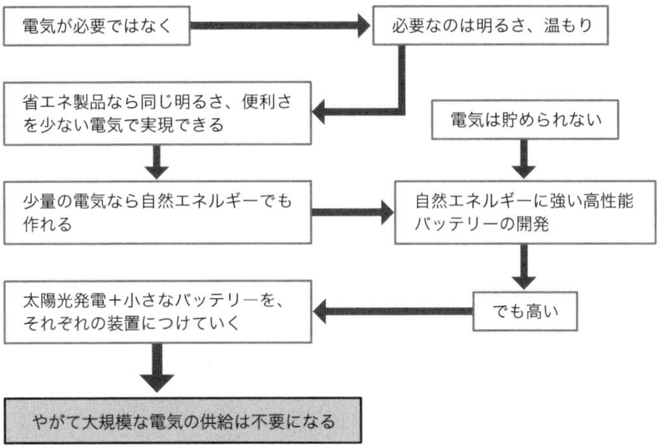

電気が有利なのは、動力や照明に使ったときだ。しかしそこにもさらに「省エネ製品」がある。白熱球をLEDに換えたなら、同じ明るさがわずか10％以下の電気で作れる。現にブリジストンの自転車（商品名「点灯虫」）はLEDを使い、ダイナモ発電機そのものがついていないのに暗くなれば点灯する。私たちも電卓を使うときにコンセントを探さない。日本の省エネ技術は卓越していて、どんなものでもきわめて少ない電気しか消費しない。それらを使うなら、発電はほんの小さなものでいい。電卓ではあの小さなソーラーだけで電気が足りているのだ。

冷蔵庫の省エネはものすごく、最も省エネしている冷蔵庫の年間消費量を時間で割ってみると、21.7Wしか使っていない。頭の上の蛍光灯より少ない。テレビも液晶ではそれ以前のブラウン管テレビから大幅に減らしている。1997年製品のブラウン管ワイド32型の年間消費電気量231kWhと比較して、現在ではシャープ「LED AQUOS」の32型では44kWhしか消費しない。実に81％も減らしている。エアコンもまた15年前と比較すると、消費電力は半分程度だ。

今紹介した冷蔵庫、照明、テレビ、エアコンこそが家庭電器消費の四天王で、半分弱の電気を消費しているものだ。その電気消費がここまで減ったとき、わずかな広さの太陽光発電でも足りてしまうことになる。

それでも発電を命がけでしなければならないのか、というのが私たちに問われている本当の選択肢だ。意見はどちらを選択するのであってもかまわない。まずはもうひとつの選択肢を知ってからにしてほしいと思うのだ。

第1章

日本に起きた
脱原発の潮流

脱原発パレード、デモ

それはすばらしい光景だった。インターネットで見ていたように、上空から空撮する写真でなかったから、全体像が見えるわけじゃない。しかし普通の学生、サラリーマンといった風体の人たちが、誰に頼まれるでもなく地下鉄出口から歩き出し、ふと立ち止まるようにして抗議のパレードに参加する。誰が抗議行動のためにここに来たのかわからない。もし止めようと思ったとしても、参加者を地下鉄出口で呼び止めることは不可能だろう。白い風船を持った人たちがいる。どこかで配っていたのだろう。普通の人たちがこんなに集まるのを初めて見た。いつも運動がレベルアップするときは普通の人たちが動く。それまで参加していなかった人たちが、それぞれの特技や好きな表現方法を持ち寄ったとき、社会は動き始めるのだ。1990 年のアースデイのときもそうだった。1992 年の地球サミット（環境と開発に関する国際連合会議）に向けて活動を開始したときもそうだった。自発的な意識で個人として参加している息吹きに触れて、新たな社会の始まりを感じていたのだ。

私はその日、やっと退院してきたばかりだった。退院したその足でパレードに参加したのだ。こんなときでなければ、なかなか時間も取れないだろうし、無理のない範囲で歩こうと思った。

その終わり方にも好感が持てた。「８時になりました、今日の抗議行動はこれで終わります。ご苦労さまでした」と、実にさっぱりと終わっていくのだ。日常生活のひとコマのようではないか。気負って「ヤルぞ」ではなく、「さ、帰りますか」という終わり方が、次の集まりを感じさせるのだ。

パブリックコメント

その人々の動きは、政府の国家戦略室「エネルギー･環境に関する選択肢」

に対するパブリックコメント（以下パブコメとする）の公募でも大きく動いた。その選択肢は三つ。「2030 年時点で原発をゼロにする、20 ～ 25%にする、15%にする」の三つだ（**図1**）。この三択には理由がある。スウェーデンの国民投票と同じく三択だったからだ。国民性がよく似ているといわれる日本とスウェーデン、そのスウェーデンが国民投票で脱原発を選択したことは知られているが、実際には実現できていないことを知る人は多くないだろう。

図1 各シナリオにおける発電構成（2030 年）

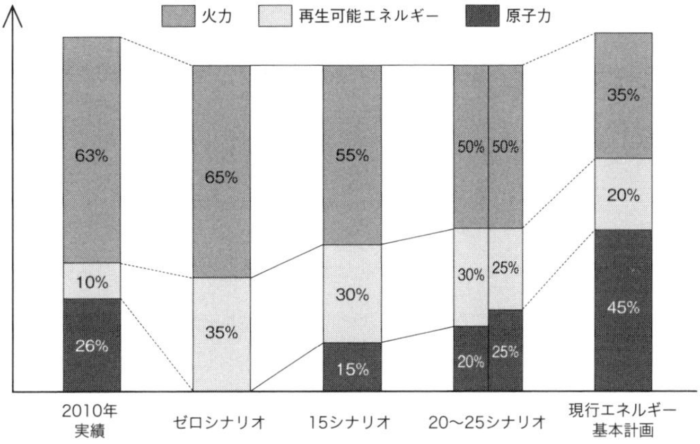

出典：国家戦略室「エネルギー・環境に関する選択肢〔概要〕」
http://www.env.go.jp/council/06earth/y060-110/mat01_1.pdf

1980 年、スウェーデンは原発問題を国民投票した。選択肢は推進と反対だけでよかったのに、政府はもうひとつあいまいな「建設中の 6 基は建てるが長期的にはなくしていく」という選択肢を加えた。日本人に似た気質のスウェーデン人は中庸を選択した。結局「推進と中庸」でも、「反対と中庸」でも過半数になり、選択肢は無意味になった。「建設中の 6 基は建てるが長期的にはなくしていく」から、議会決議で「2010 年までに全廃する」とした。しかし 2012 年現在なくなっていないからだ。それは 1997 年に全廃決議を取り消し、10 基まで認めると変えられていた。この決定に対して大きな反対があるので廃止に向かうかもしれないが、2010 年を越えた今も、現に廃炉にできていないのは事実だ。

このことを知っている日本政府は、中庸が好きな日本人向けに、第三の選択肢「15%にする」を後から加えた。しかしパブコメは国民全員に問うものではない。受身の人は参加せず、能動的な人だけが反応する。しかも直後に電力会社社員が意見聴取会に参加し、「弊社は」を主語にして原発推進を語った。これは組織ぐるみの「やらせ」のようなものだと批判を浴び、政府は電力会社に自粛を求めた。その結果、電力会社はいつもの組織ぐるみの「組織票」投入ができない位置に置かれてしまった。そして国民の中で原発問題をまじめに考えている人たちだけがコメントすることになった。

結果は（**図2**）の通りだった。88,286件の回答のうち、原発ゼロが87%（うち78%が即時ゼロを求める）、2030年に15%が1%、20～25%が8%、その他が4%となった。政府にとっては予想外なことに、原発廃炉を求める声が圧倒的になったのだ。こうなると政府側からパブコメを求めた以上、その声に従わざるを得ない。

図2 原発廃炉を求める声が圧倒的

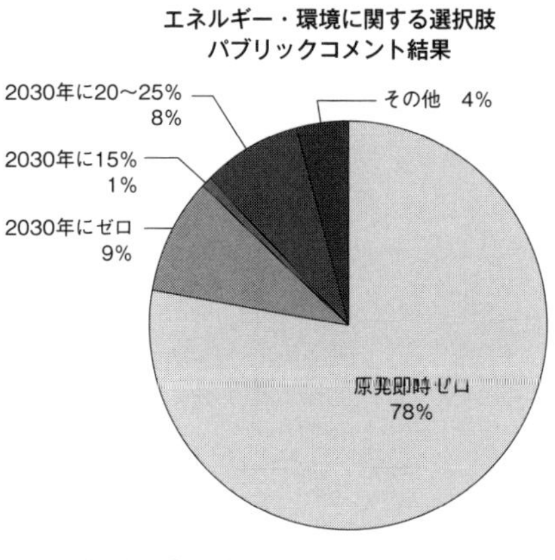

出典：国家戦略室「支持率の数字の解釈の仕方について」より作成
www.npu.go.jp/policy/policy09/pdf/20120827/shiryo3.pdf

原発推進のバックラッシュ

「2030年に15%」の中庸に集めたかった政府側としては、この結果を何とか否定したい。そのために国家戦略室では「支持率の数字の解釈の仕方について」の討議を行っている。その中で、自分たちで三つの選択肢にしておきながら「当然、0%、15%、20～25%のどの意見の数値というのにどうしても焦点が当てられてしまうと思いますけれども、むしろ、意見がわからないとか、あるいは非常に幅があるといったようなところに注目するような整理の仕方をできればお願いしたい」としている。そのためにわざわざ頼まれてもいない各種の世論調査などのデータを、本来中心となるべき「パブコメ結果」に並べて表示している(**図3**)。「わからないとか、あるいは非常に幅があるといったようなところに注目するような整理をお願いしたい」というのは、すでに事務局側のミスリードだ。この時点で詐欺的なのだが、なぜか委員たちはそのことに言及していない。

図3 支持率集計について

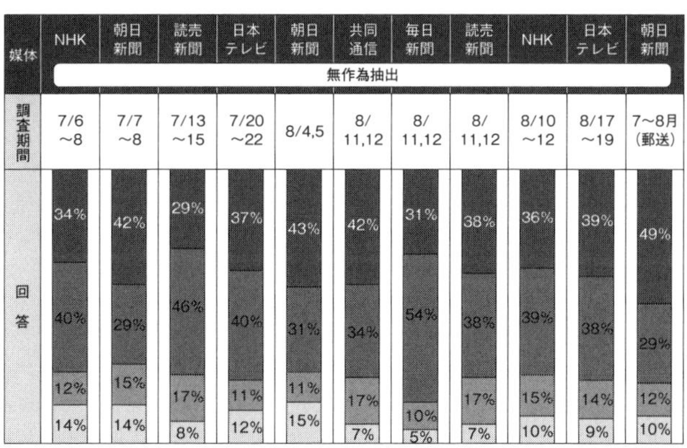

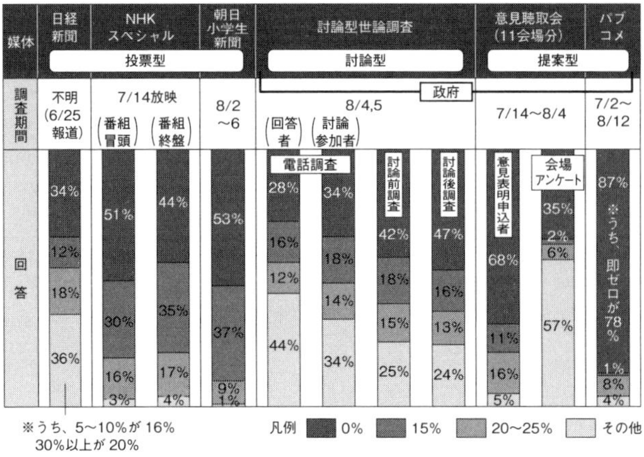

【支持率集計に関する委員からの指摘事項（第1回検証会合より）】

●当然、0%、15%、20～25%のどの意見の数値というのにどうしても焦点が当てられてしまうと思いますけれども、むしろ、意見がわからないとか、あるいは非常に幅があるといったようなところに注目するような整理の仕方をできればお願いしたい。

⇒NHK調査では、3つの選択肢以外の何らかの回答は1%（7月・8月）で、分からない・無回答が12%（7月）・10%（8月）。読売新聞調査では、「その他」の選択肢を選んだ者が2%（7月）・1%（8月）で、答えないが6%（7月・8月）。無作為抽出型の上記以外のメディア調査では、その他の回答と分からない・答えないを区分して集計していない。

●（マスメディアの世論調査で示される）感情の分布というものは、データとしては非常に重要ですけれども、それだけで物事が決まってしまうのであれば、政治はある意味では不要だということになってしまうのではないか。

●メディアの世論調査の結果を見る限り、ここには読み取るべき傾向というのが出てきていて、要はこの3つのシナリオのうちどれにするかということから言えば、やはりはっきりとは決めかねるという民意が数字からも当然普通に解釈できる。

●多くのサイレントな部分の人たちというのは、世論調査は世論調査の結果でこのシナリオの選択を委ねるというのは酷だよと皆さん言っていらっしゃるんだなと、この結果からも読み取れる。

出典：国家戦略室「支持率の数字の解釈の仕方について」より作成
http://www.npu.go.jp/policy/policy09/pdf/20120827/shiryo3.pdf

パブコメを自らして、その返答があったのだから、それだけを見ればいいはずだ。しかし委員たちは拡大解釈を始める。「はっきりとは決めかねるという民意」だの、「サイレントな部分の人たちというのは、世論調査は世論調査の結果でこのシナリオの選択を委ねるというのは酷だよと皆さん言っていらっしゃるんだなと、この結果からも読み取れる」などと勝手な解釈をし始める。現に目の前に「87%」という数字があるのに、なるべく目をそらして、「サイレント（沈黙）な部分の人たち」にまで言及し、勝手な推測で「シナリオの選択を委ねるというのは酷だよと皆さん言っていらっしゃる」とまで言う。恥ずかしくないのだろうか。これでは担ぎ込まれた意識不明の患者を前にして、「この人は死にたがっている」と解釈するようなものではないか。

このパブコメ結果は否定しきれず、国家戦略室は「革新的エネルギー・環境戦略」をまとめた。原発を2030年「代」までにゼロにするとする一方で、高速増殖炉もんじゅは年限を区切って研究を行い、使用済み核燃料の処理技術については推進するとしていた。

「2030年まで」を「2030年代まで」と変えただけで、実質10年も廃炉を延ばしてしまった。しかももんじゅが「いつ」研究終了するのかの言及はなく、これまで核燃サイクルとして原発と一体的に推進してきたのに、原発はゼロとして「使用済み核燃料の処理技術については推進する」とするのだ。まったく矛盾に満ちた内容であった（**図4**）。

図4 革新的エネルギー・環境戦略

●原発に依存しない社会の実現向けた3つの原則
1）40年運転制限を厳格に適用する、
2）原子力規制委員会の安全確認を得たもののみ、再稼働とする
3）原発の新設・増は行わない、
ことを原則とする

●なお、当面以下を先行してう
・直接処分の研究に着手する。
・「もんじゅ」については、国際的な協力の下で、高速増殖炉開発の成果の取りまとめ、廃棄物の減容及び有害度低等を目指した研究を行うこととし、このため年限を区切っ研究を策定、実行し、成果を確認の上、研究終了する。
・廃棄物の減容及び有害度低減等を目的とした使用済核燃料処理技術、専焼炉等の研究開発を推進する。
・バックエンドに関する事業ついては、民間任せず、国も責任を持つ。
・国が関連自治体や電力消費地域と協議をする場を設置し、使用済核燃料の直接処分の在り方、中間貯蔵の体制・手段の問題、最終処分場確保に向けた取組など、結論を見出していく作業に直ちに着手する。

出典：国家戦略室「支持率の数字の解釈の仕方について」より作成
http://www.npu.go.jp/policy/policy09/pdf/20120827/shiryo3.pdf

しかしそれでも、多くの人たちのパブコメによる成果である。人々の懸命なデモやパレード、パブコメ提出がなかったら実現していない国家戦略だったのだ。私はこの案を市民が直ちに否定してしまうことを危惧していた。ろくでもない案であることは明らかだ。しかし人々の運動には成果が必要だ。一歩ずつ歩を進めていく達成感がなければ、次の運動に続いていくことができなくなってしまうからだ。

しかしその懸念より先に、経済界からの反発とバックラッシュが起こった。こんなものは認められないという三つの経済団体からの反発だ。そして財界の圧力に弱い政府は、なんとこれを閣議決定しなかった。国家戦略室がまとめあげた委員会のレポートを、閣議決定しないということは、このレポートの性質はどうなってしまうのか。決定されたものと解釈すべきなのか、それとも無効とされるのか。あいまいな解釈はいらない。どっちなのか。

再びの電気が高くなるキャンペーン

政府は再び「原発ゼロを選択すると、電気料金が2倍になる」とキャンペーンを始めた。貧しい暮らしに追い詰められた人々が多くなり続けている日本では、効果的なキャンペーンだ。しかし2012年9月28日の朝日新聞は、原発をゼロにしなかった場合の試算がどうなっているかを記事にしている。根拠となった政府試算で、原発を稼動させていたとしても1.7倍になっていることを報じている。他の試算で大阪大・伴教授は25%の差、慶応大・野村准教授は23.5%の差、地球環境産業技術研究機構は17.5%の差、国立環境研究所は電気代は変わらないと試算している。最も不利な選択をしたとしても、原発のリスクを負うことで得られる利益は、わずか23.5%の差でしかないのだ。これを2倍も高くなるとするのはフェアではない（**図5**）。

図5 NHKニュースより

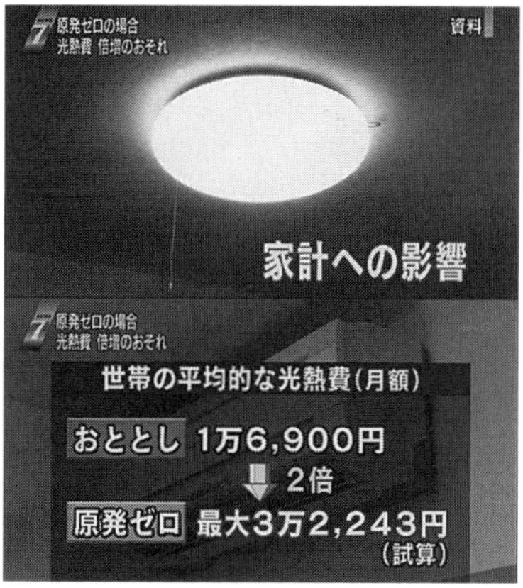

2012年9月4日より

よく原発をなくしたら雇用が減るというものがある。では福島原発事故で失われた数十万人の雇用はどうなるのか。土地を追われた数万人は。故郷に戻ることのできない数十万人は。そして今後失われるであろう放射能の被害者の命は。何も悪いことなどしていないし、原発で利益を受けなかったたくさんの人々が巻き添えにされている。そうした人たちに思いを馳せることはできないのか。

そもそも原発は安い発電方法ではない。原発が進められてきた社会的なペテンの仕組みから第2章で見ていこう。

第2章

電力リテラシー
需要家（消費者）側の問題

よく聞く言葉に「メディア・リテラシー」というものがある。メディアの言うことを鵜呑みにせずに、きちんと理解して批判的に本当の意味をつかみましょう、というものだ。もっと簡単に言ってしまえば「だまされんなよ」ということだ。しかしそれはメディアに限られた問題ではないだろう。日本では特に「電力リテラシー」が重要だ。

私は日本各地で3.11の東日本大震災以降にいろいろな人とお会いしたが、特に保守系の方からは「こんな事故がなかったら、ぼくはきみの話を聞くことはなかったと思う」と言われた。私自身は保守でも革新でもないつもりだし、暮らしや自然に対しては絶対保守、それが守られないなら変えなければと思っているだけだ。だからそう言われるのは心外なのだが、保守系の方には真実に耳を閉ざす癖をお持ちの方が多いようだ。それでも私の話を聞いていただいた後には変わってもらえる。それは単に現実と辻褄の合う事実を知って、理解したというだけのことだろう。

これが「電力リテラシー」だと思う。電力について、あまりにも多くのウソが、メディア、学校教育、研究、コマーシャル等々、あちこちから刷り込まれるので、ヒトラーの洗脳のように人々の頭の中に入り込んでしまっている。それをもう一度整理して、現実と辻褄の合うデータ整理が必要なのだと思う。

ここでは電力リテラシーを「消費（需要家）側」、「発電（供給）側」、そして焦点となる「消費ピーク」の問題に分けて説明したい。それを第3、4、5章に分けて解説する。

ドイツはなぜ
自然エネルギーの拡大に成功しているのか

ドイツは自然エネルギーの割合が高く、日本と比べると雲泥の差だ。（**図6**）のグラフを見ると大きな違いに愕然とする。そのせいで日本も自然エネルギーをもっと導入すべきだ、ドイツを見習えとよく言われる。しかしドイツが素晴らしい点は自然エネルギーの導入量が大きいことではない。ドイツが素晴らしいのは、（**図7**）のように電気消費量を伸ばさなかった点なのだ。

図6 日本の失敗は消費を抑制しなかったこと

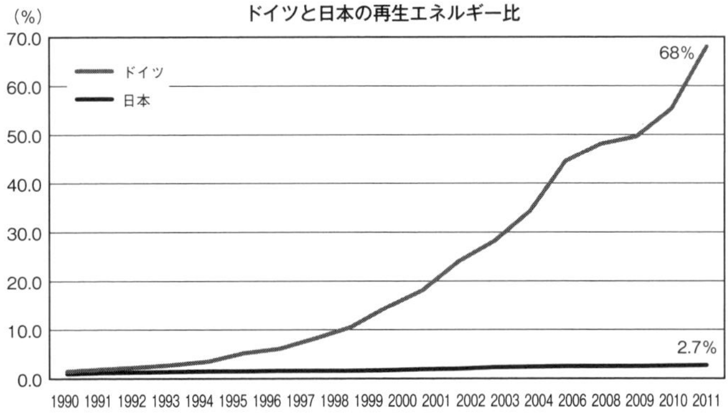

BP社 HP Historical data より作成

●日本では1990年と2010年の再生エネルギー比率が、ほとんど変わらない。努力は消費にかき消された。

図7 大事なのは消費の伸びを止めること

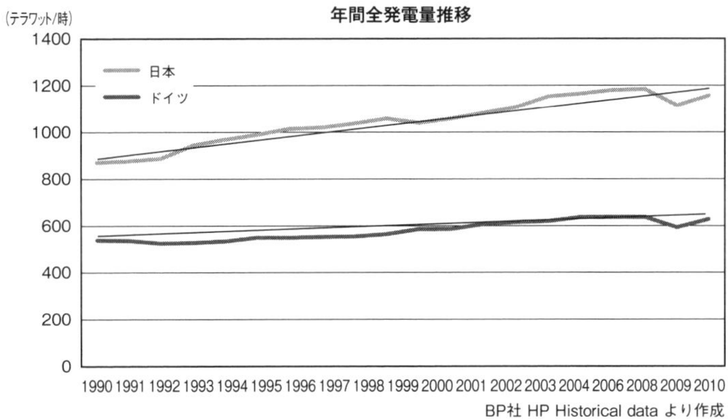

BP社 HP Historical data より作成

●ドイツの電気消費量は、日本と比べて伸びていない。

これは1990年から2010年にかけての20年の消費の伸びだが、30年間を見てみるともっと差が大きい(**図8**)。同じ30年間に、日本は一人当たり電気消費が4717.69kWh/年であったのに対して7819.18kWh/年と、1.66倍伸びている。一方のドイツは5797.5kWh/年から6778.66kWh/年と、1.17

倍しか伸びていない。これがもし日本の電気消費量が1980年のままだったとしたら、日本の自然エネルギーの比率は3.3%の比率を占めていたはずだ。２%ではなく3.3%、その比率は1.65倍になる。ここからわかることがある。自然エネルギーの比率を伸ばすには、自然エネルギー設備をどんどん増やす前に、電気消費量を伸ばさないことが大切なのだ。

しかしどちらのグラフを見ても、しかも（図7、8にはないが）あの消費大国アメリカでさえも、近年の電力消費量は頭打ちになるどころか下がり始めている。これは人々が環境に目覚めて節電をし始めたからではない。省エネ製品が普及し、電気消費量と「明るさ、温もり、便利さ」とが一致しなくなり始めたのだ。従来、電気の消費量は「文明のバロメーター」であるとか、「GDP（国内総生産）と同じで豊かさのバロメーター」であるとか言われてきた。しかしとっくに文明ともGDPとも関係しなくなっている。

このグラフ（**図9**）は、ドイツと日本のGDPの成長率と温室効果ガス排出量割合の推移を比較したものだ。温室効果ガス（GHG）の排出量と国内総生産（GDP）の額とは一致しなくなっている。ドイツは後に見るように（「あとがき」の**図85,86**参照）高付価値商品を輸出しているために就業人数と比して輸出額が大きい。温室効果ガス（GHG）排出量はモノの生産量と比例するが、それが明らかにGDPの向上と結びつかなくなっている。しかも温室効果ガスの最大は二酸化炭素で、排出源の最大が電力会社だから、電気消費量と関係しないこともわかる。ドイツで言うなら、温室効果ガスを下げることがGDPの伸びにつながっているとも言える事態だ。

電気消費を伸ばすことが経済成長につながるという神話は、もはやまったく正しくない。そして電気の問題は「発電量をどう追いつかせるか」の供給側の問題ではなく、まず「消費量をどう減らすか」の需要側の問題となった。自然エネルギーを伸ばそうとする前に、電気消費量を抑制・縮小することが必要なのだ。

図8 日本の電気消費量の伸びが高すぎる

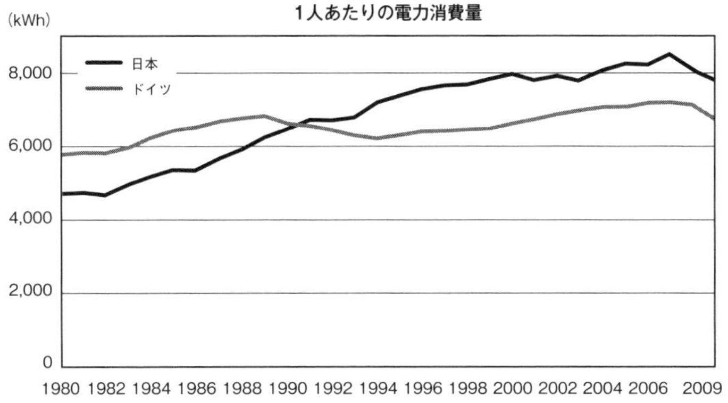

データ元: 世界銀行　最終更新日: 2012年9月6日

図9 経済成長とエネルギー消費は比例しない

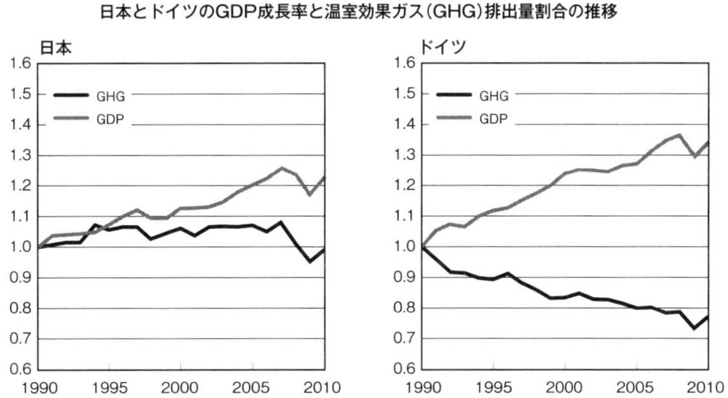

(注)1990年＝1とする
(出所)GDP：OECD統計、温室効果ガス排出量：気候変動枠組条約への各国通報、(2010年のみ、ドイツは欧州環境省報告、日本は環境省報道発表)

●日本でも一致しないどころか、ドイツでは反比例している。

http://www.bnet.jp/casa/2020model/pamphlet_for_abandoning_%20nuclear_power_generation_6.pdfより

必要なのは「節電」、しかし問題はオフィス

こうして「節電や省エネ」を言うと、「また努力・忍耐の話か」とうんざりする人もいるだろう。しかし家庭に努力忍耐を求めるつもりはない。なぜなら家庭などの小さな消費が問題なのではないからだ。(**図10**) は 2010 年一年間の電力消費量の割合だ。一年間の消費量全体の中で、家庭の占める割合はわずか 22%しかない。残りのほとんどが産業用、業務用によって占められている。家庭のライフスタイルの問題を言う前に、事業者はその3倍の努力をすべきだ。しかも後で述べるが、発電所の建設が必要になるのは年間数時間のピーク消費に電気を足りるようにするためだが、そのピーク時点の消費では、家庭の割合はもっと低くなるからだ。ここで「家庭のライフスタイル論」に問題をすり替えられて来たことが、問題解決をできないものにさせてきた。問題を解決するには、原因を調べて、原因に対策しなければ不可能なのだ。その原因を「家庭のライフスタイル」というような間違ったところに設定してしまうと、永遠に解決できない問題にされてしまうのだ。

図10 家庭のせいじゃない電気消費

2010年、電気消費全体割合

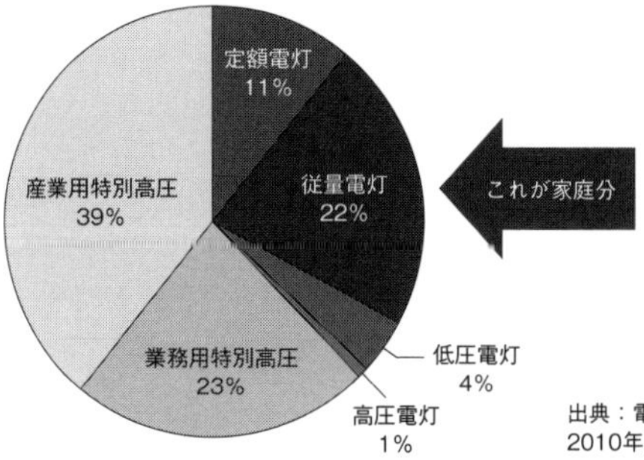

出典：電気事業連合会「電気需要実績2010年度」2010年度分電力需要実績（確報）より著者作成

- 家庭は全体の1/4以下！　なのに節電？
- 「家庭のライフスタイル」では解決しない。

しかし事業者が問題だとしても、事業者はすでに精一杯省エネしていて、これ以上省エネできないところまでやってしまっている。いわば「乾いた雑巾なので、絞っても汁も出ない」とよく言われる。確かに生産工場では、かなり頑張っているのは事実だ。しかしこの間に電気消費を増やしたのはそこではない。東京都のデータで見てみよう。東京の業務部門で二酸化炭素排出量の増加は(**図 11**)のようになっている。増やしているのは明らかに事務所、オフィスだ。そのオフィスの消費は本当に「乾いた雑巾」なのだろうか。

オフィスのエネルギー消費を見てみると、(**図 12**)のような構成になっている。エアコンなどの熱源と熱搬送で 43.1%を占め、給湯はわずか 0.8%にすぎない。半分近くがエアコンだ。次に照明の 21.3%、その次がパソコンなどにつながるコンセントで 21.1%、残りが換気・給排水・エレベーターなどの動力で 8.6%、その他が 5.1%の順になっている。

図 11 東京の業務部門の CO_2 排出推移

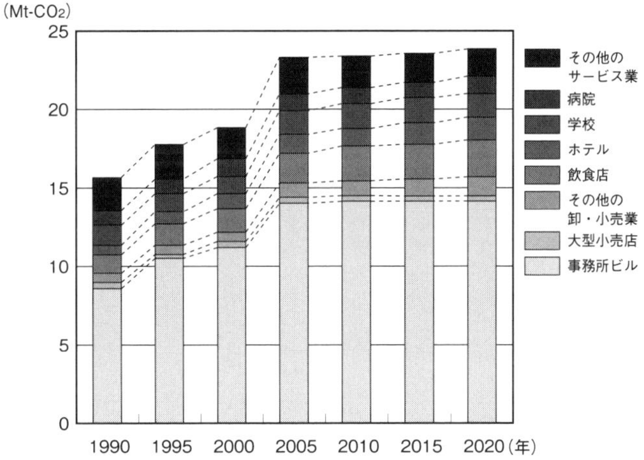

東京の温室効果ガス排出量2020 年推計と部門別削減目標
http://www.kankyo.metro.tokyo.jp/attachement/siryou2_kikaku_080121.pdf

図12 事業系の省エネは？

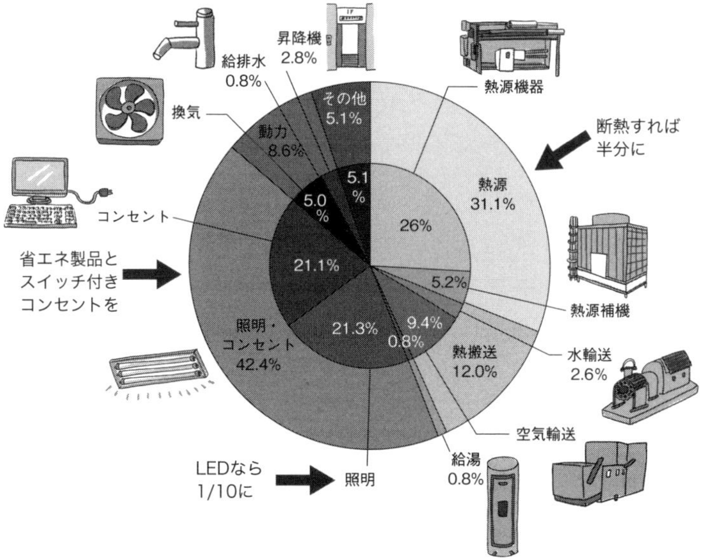

資エネ庁エネルギー白書2011 オフィスビルの用途別エネルギー消費(2002年)
http://www.enecho.meti.go.jp/topics/hakusho/2011energyhtml/2-1-2.html

これも省エネできる。カウントダウン式に第三位の「パソコンなどのコンセント消費」から考えてみよう。従来、待機電力といえば家庭のテレビなどを指していたが、今やメーカーの努力もあってほとんどわずかなものになっている。では現状の待機電力はどこにあるかというと、パソコンと無線ＬＡＮ、プリンターなどの周辺機器だ。それらは使っていないときにはコンセントと接続していないほうがいい。落雷などで壊される危険があるし、接続せずに温度を下げたほうがいい装置ばかりだからだ。これらが待機電力を消費してしまっているので、そこに「切り替えスイッチ連動ポートを搭載した節電USBハブ」を入れるだけでいい。パソコンを切れば、連動してスイッチオフするので節電になる。

第二位の照明器具だが、これにはまず明るすぎる問題がある。日本のJIS照度基準ではオフィス机上面の明るさは750ルクスとなっているが、欧米諸国の多くは500ルクスを基準としている。しかも日本の実際の机上面の明るさは、半分近くが欧米の倍の明るさである1000ルクス程度になっている（**図13**）。

図13 業務ビルの照度基準の比較（一般的な照度基準）

欧米諸国の多くは照度基準を500ルクス以下に指定

単位:ルクス

	オフィス	商店
日本(JIS)*	750	500
アメリカ・カナダ	200-500	200-500
フランス	425	100-1000
ドイツ	500	300
オーストラリア	160	160

（資料）IEA/OECD, LIGHT’S LOBOUR’S LOST Policies for energy-efficient lighting, 2006

* 労働安全衛生規則で定める照度基準は、『精密な作業』において300ルクス以上

オフィス（机上面）の実測照度

※約190件の調査結果内訳

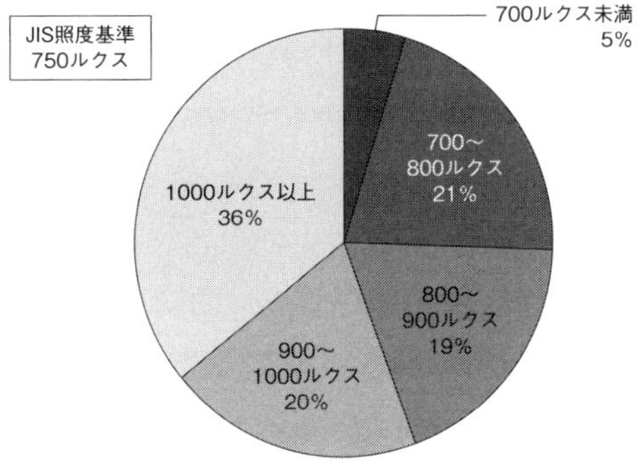

（出典：「オフィス照明の実態　研究調査委員会報告書（社）照明学会」より作成）

東京都 オフィス・店舗などの照度に関する基準等の見直し
http://www.metro.tokyo.jp/INET/KEIKAKU/2011/05/70l5r20b.htm

これを東京都の提案どおり欧米並みにするなら、半分の明るさで良いことになる。実際に3.11の原発事故以降の東京の地下鉄などの列車、駅では、蛍光灯を半分の本数に減らしているが、特に暗くて困るということはない。さすがに消された時期は困ったが、半分ついている分には問題ない。これで半分程度には下げられる。

さらに多くの事業所が天井に二本並んだステンレス蛍光灯を使っている

が、これもさらに節電できる。(**図 14**) のように反射板のついた蛍光灯だ。蛍光灯は天井側にも光っている。その光を反射させて有効に利用することもできる。これと「Hf 式インバーター蛍光灯」と組み合わせると一本で二本分の明かりが取れる(**図 15**)。このような利用はヨーロッパではよく見かける仕組みで、イギリスを歩いているときに撮った写真がこれだ (**図 16,17**)。Hf 式インバータ蛍光灯ではない場合、デジカメを向けてみると (**図 18**) のようなモアレが写るのでわかる。この反射板つき Hf 式蛍光灯を導入した場合、明るさは同じでも蛍光灯一本ですむ。したがってこの取替えだけで半分の電気消費量に下げることができる。明るさそのものの見直しをしたならば、多くの場合には快適なままで、照明の電気消費量を四分の一に下げることもできる。

図 14 後ろに飛んだ光を 95% 反射させると

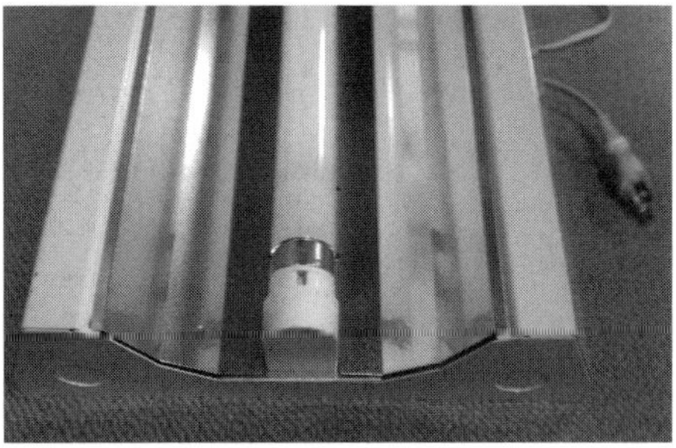

図 15 蛍光灯 1 本でこれだけ光る

●半分の電気消費量で、明るさは同じ。
●LEDのように高くない。
●必要としているのは電気ではなく、
「明るさ・温もり・便利さ」なのだ。

図16 イギリスで撮影したオフィスの照明器具

図17 図16の部分拡大。反射板がすべてに使われている

図18 モアレの出ている省エネになっていない蛍光灯

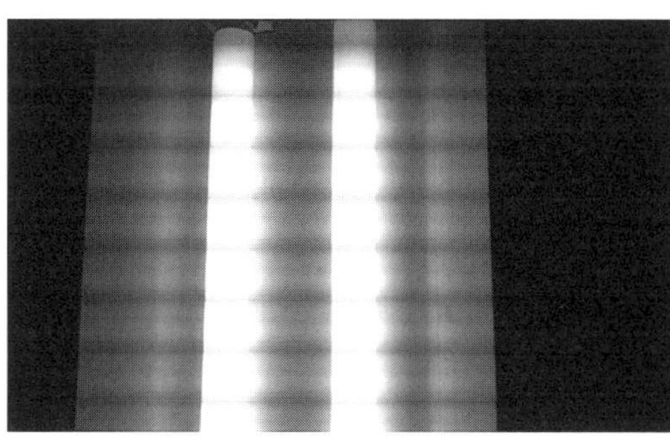

この取替えは節電を謳っている自治体でもまだほとんどなされていない。たとえば原発再稼動の問題で省エネを市民に呼びかけていた大阪府ですら、その施設の95%が未実施だった。どれだけ節電できることだろう。「でもおカネが負担がかかるから」と答えるところも多いだろう。そんな場合はヤマダ電機に駆け込めばいい。ヤマダ電機の「あかりレンタル」という仕組みなら、一日当たり40kW以上の電力を照明に使っている事務所なら、照明器具から設備そのものをレンタルし、初期費用も一切負担する必要がない(**図19**)。最初からそれまでの電気代より安いレンタル代ですみ、保守・交換はヤマダ電機の負担だ。ただし電気料金の安さはレンタルしている期間は得られないが。この仕組みはさほど難しくない。要は長期的には利益になる仕組みであることがはっきりしているときに、将来の利益のために投資するかどうかだけの違いだ。沖縄の「もあい」、山梨の「講」のように自分たちで初期投資を融通し合えば、どこでも簡単に導入可能だ。

さて、この照明がオフィスのエネルギー消費の21.3%を占めている。少なくとも10%は快適なまま節電することができる。

図19 ヤマダ電機の「あかりレンタル」

出典:ヤマダ電機「あかりレンタル」
http://img.yamada-denkiweb.com/image/index_pickup/houjin/akari.pdf

さて、最後が第一位のエアコン消費だが、どんなときにもエネルギー節約には鉄則がある。常に新たな自然エネルギーを導入するよりも省エネすることだ。熱の省エネは断熱になる。新たな熱源を考える以前に、建物内の熱を逃がさないことが最も大切になる。断熱すべき場所は窓だ。建物では熱の半分が窓から逃げている。その窓対策を考えてみよう。現在、アルミサッシを用いることが多いが、このアルミという素材は熱伝導性が高すぎる。たとえば冬の寒い時期に窓枠を触ってみると驚くほど冷たい。せっかくペアガラスにして断熱性能を高めても、窓枠のアルミ部分が結露してしまうことも多い（**図 20**）。これを防ぐために窓の内側の余裕部分に木製のサッシを入れて、二重窓にすることができる（**図 21**）。木材はアルミの 1800 分の 1 しか熱を伝えないため、窓枠部分の断熱効果が加わる。さらにガラスをペアガラスにすれば断熱効果は高まることになる。

図 20 結露したアルミサッシの枠

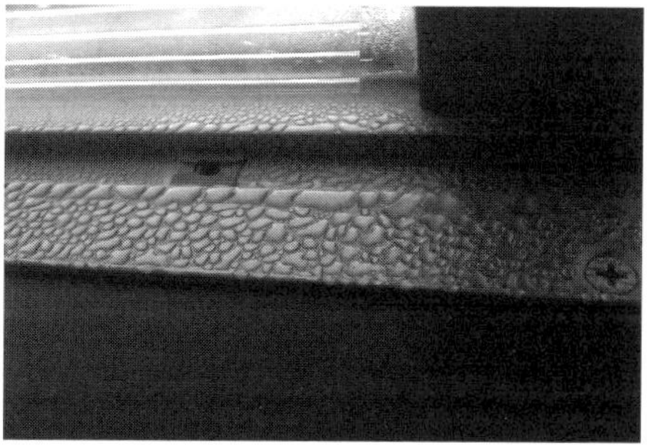

図 21 断熱内窓（だんまど）

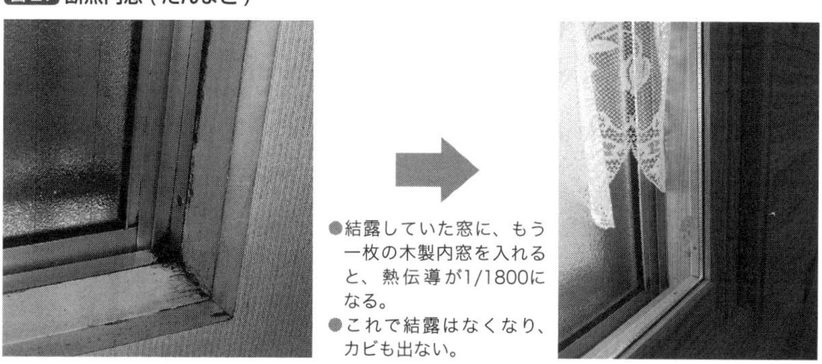

●結露していた窓に、もう一枚の木製内窓を入れると、熱伝導が1/1800になる。
●これで結露はなくなり、カビも出ない。

それを実際に施工したお宅の熱環境を測定したものが(**図22**)だ。外気温が下がってもしっかり断熱できていることはもちろんだが、施工以前と後とで見てほしいのが足元の温度と室内胸の高さの温度との違いだ。施工前は足元だけが温度が下がり、非常に寒く感じていたものが、施工後は足元と旨の高さの温度が一緒に動くようになっている。寒く感じる足元の温度が上がったことで、施工したお宅ではその後、それまで使っていた電気ストーブを使わなくなっている。同じように施工した東京のオフィスの事例が次の(**図23**)だ。ここのオフィスでは施工後、一日10時間使っていた暖房用のエアコンを、朝一時間つけるだけで止めるようになっていた。しかも冷え性の女子職員から大変喜ばれた。

こうした断熱によって、エアコンの電気消費を十分の一近くに下げることができる。ここまでが断熱の効果だ。

ここから今度は省エネエアコンの効果を見てみよう。この15年間の間に、電気式のエアコンの電気消費量は半分まで省エネしている。したがって古い電気エアコンなら、新たな省エネ型にすることで半分の電気消費量に下

図22 断熱リフォーム前後の差

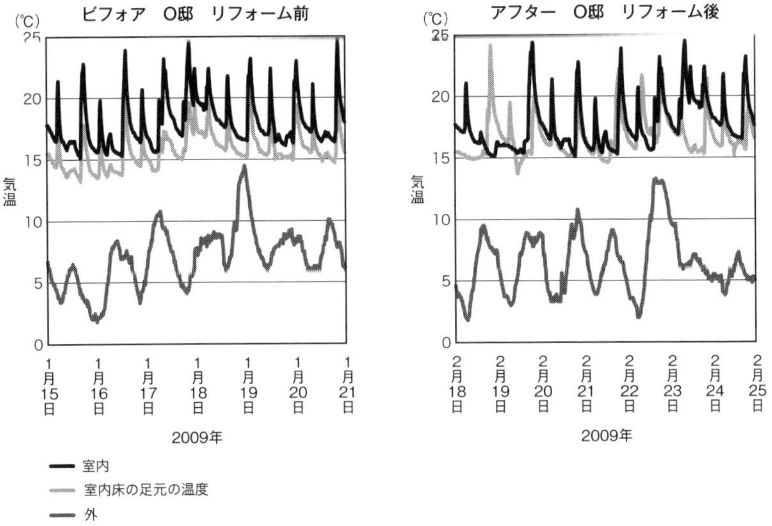

げることができる。しかしそれ以上に効果的なものがある。それがガスのヒートポンプエアコン（ヒーポンと呼ぶ）だ。室外のコンプレッサーを電気ではなく、ガスエンジンで動かす仕組みだ。通常ガスヒーポンなら、最新式の省エネ電気エアコンの消費する電気の、十分の一しか電気を消費しない。したがって15年前の電気エアコンと比較すると1/20ほどになる。しかしガスを消費する。ところがランニングコストはガスのほうが約三割安いので、８年かからずに得になる。

断熱の効果とガスヒーポンの節電効果を組み合わせると、少なくとも電気消費を1/10まで下げることができる。エアコンなどのエネルギー消費が45%を占めていることを考えると、少なくとも40%は節電できる。この仕組みを広げているのが岐阜県の市民グループ、「電気をカエル計画」の人たちだ。実に賢明に調査して提案している。その提案に沿って進めるなら、何の努力も忍耐もいらない。ただ装置を換えるか導入するだけで、半分の電気消費にすることができる（**図24**）。しかも一切快適性を損なうこともなく。

東京で最も電気消費量を増やしてきたのは「業務用のエネルギー」であ

図23 **オフィスでの「断熱内窓」施工例**

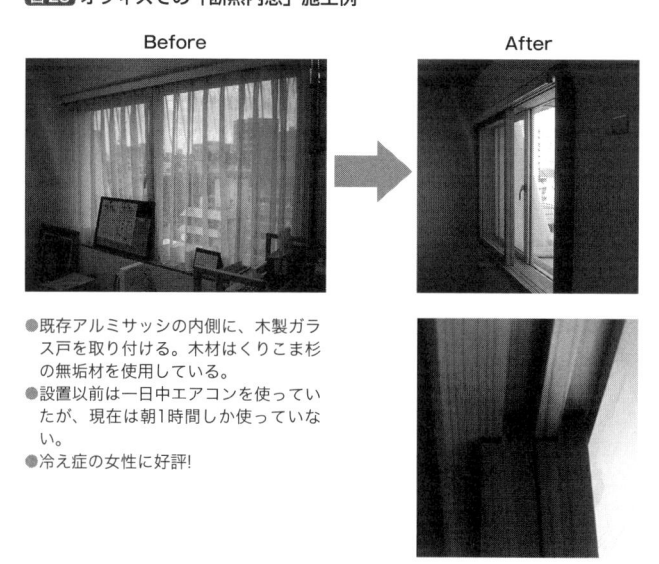

Before　　　　　　　　　　　　After

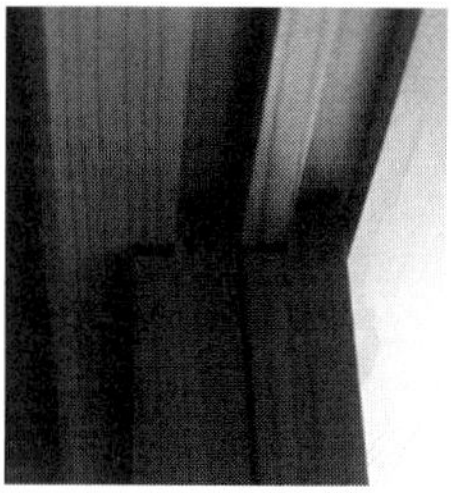

●既存アルミサッシの内側に、木製ガラス戸を取り付ける。木材はくりこま杉の無垢材を使用している。
●設置以前は一日中エアコンを使っていたが、現在は朝1時間しか使っていない。
●冷え症の女性に好評!

り、とりわけ「オフィス」の増加が大きかった(**図 11,12**)。その多くが電気だ。それを半減できる。2011 年夏、東京電力管内では、(**第 4 章 図 39**) に見るように、最大電力消費ピークの部分では 20%以上も節電された。素晴らしい努力だった。しかしそれはまだこうした省エネ器具への交換がされていなかった時期のことだ。もし交換がされたのなら、2010 年と比較して電気消費量を半分に下げることは困難でないと思っている。

図 24 電気をカエル計画　エアコン切り替え

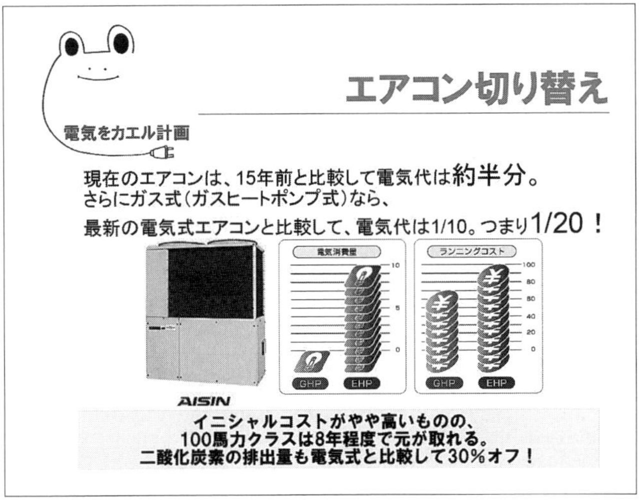

エアコン切り替え
電気をカエル計画
現在のエアコンは、15年前と比較して電気代は約半分。
さらにガス式(ガスヒートポンプ式)なら、
最新の電気式エアコンと比較して、電気代は1/10。つまり1/20！
電気消費量
ランニングコスト
GHP
EHP
GHP
EHP
AISIN
イニシャルコストがやや高いものの、
100馬力クラスは8年程度で元が取れる。
二酸化炭素の排出量も電気式と比較して30%オフ！

出典：「電気をカエル計画」
http://www.ekaeru.jpn.org/file/gov.pdf

第3章

電力リテラシー
供給（電力会社）側の問題

なぜ日本で原発が進められたか

電力会社は地域独占が認められてきた。これは特殊「戦後」的な事態だ。戦前は全国に600を超える電力会社があり、お互いにサービス・価格で競っていた。そのうちの多くは自治体が所有するものであった。都会には電気料金を支払える豊かな人たちもいたし、地理的にも集中した需要家があったから、最も費用のかかる送電線も合理的に広げることができた。一方、家が点在する地方に電力会社が進出してくるのは困難だった。そのため電気の来ない地方では、自治体自身が小さく電力事業を始めた。いわば駅を中心とする小さな供給範囲が徐々に広がり、全国に広がっていくイメージだ。

ところがそこに戦争が覆った。戦時体制になると物資だけでなく、電気もまた足りない状態になる。そのため政府は「日本発送電株式会社」を設立し、すべての電力会社を接収した。これによって全国はたったひとつの電力会社に統制された。そして戦後、この戦時体制電力会社の解体をどうするかが問題になった。そこから９つ（後の沖縄電力を含めれば10）の電力会社に分かれたのだが、その道のりも順調ではなかった。戦前各地にあった電力会社を集めたものだったからだ。今の９電力体制になったのは1951年のことだった。そして戦前、発電所などを所有していた自治体が電力会社を所有するのをあきらめるに至ったのは、実に1960年のことだった。戦前の電力消費の大きなものは鉄道や路面電車事業だった。そのために自治体には水道局を持つように「電気局」を持っていた。そこが事業のための発電所を自ら保有してした。ＪＲ東日本が今も新潟の信濃川に発電所を所有しているのと同じだ。ところが自治体の場合は戦前の政府に接収されたまま返されることがなかった。自治体はその分を株式で返済された。だから今も大阪市が関西電力の大株主であったり、東京都が東電の大株主であったりするのだ。

戦後になると発電所不足が深刻化した。戦時中に破壊されたものも多かったためだ。そのため現在のJ-POWER（電源開発株式会社）が設立され、発電事業を推進することを中心とした国策会社として進められた。電源開発が今のように完全な民間会社となったのはごく最近のことである。そうした時期だったから、電力会社の復旧は国家にとっても非常に重要なことだった。戦後、日本は「傾斜生産方式」体制をとった。資金や資源を重要となる事業者に傾け、大手事業者を復活させると共に生産の倍増に耐えられる体制を作ろうとしたのだ。その流れの中、電力会社にも「総括原価方式」という仕組みが与えられた。

総括原価方式とは

現在、世界的に自由化された社会では、電気は需要と供給で価格決定される商品のひとつにすぎない。しかし先述の事情で作られた仕組みがその後もずっと残ってしまった日本では、電気料金は需給バランスで決まるものにはなっていない。

たとえば今、あなたの家庭が1030円の電気料金を払ったとしよう。その内訳は、電力会社が必要とした発電・送電の費用「原価」1000円に、電力会社の適正報酬額として必要とした原価に対する３％、つまり30円の利益を乗せたものになっている。この率はそのときの経済情勢によって変わるが、この仕組みは独占の事業者が、不当な利益を上げないために利益率に上限を定めたものだった。アメリカの「レートベース方式」の仕組みを輸入したものだ。

この３％という適正報酬率は固定されたものではなく、毎年変更になることになっている。報酬率と本当に借り入れるときの金利部分の差が、隠された利益になる。報酬率の計算式は、「一般電気事業供給約款料金算定規則」によって以下の通り決められている。

「Ｘ３：Ｙ７」の比率で加重平均した率で、このXが「自己資本報酬率」でＹが「他人資本報酬率」となる。この３割しかカウントできないXの自己資本報酬率は、「すべての一般電気事業者を除く全産業の自己資本利益率の実績率に相当する率を上限とし、国債、地方債等公社債の利回りの実績率を下限として算定した率」となっていて、要は「他の企業の利益を超えず、政府の利回りを超えていい」ことになっている。

７割カウントできるYの「他人資本報酬率」は、「すべての一般電気事業者の有利子負債額の実績額に応じて当該有利子負債額の実績額に係る利子率の実績率を加重平均して算定した率」だ。要は借りた金利分になっている。そこでこの報酬率を高くしたいと考えてみよう。要は利益「率」を決めるだけだから、実際に借りた割合ではない。

そこで経産省の総合資源エネルギー調査会の資料に合わせてA社の平成20年を例にとってみよう（**図25**）。A社では平成20年で見ると自己資本報酬率はが5.42%と、かなり高い。一方の他人資本分は1.93%だが、A社は自己資本報酬率が高かったおかげで３%の報酬率となっている。

さて、東京電力では、３割カウントされる自己資本報酬率は5.6%しかない（2011年）。残りの94.4%が他人資本報酬率だ。このA社に代入してみると、自己資本部分の儲けは、わずかしかない。ところが他人資本部分は３%

図25 <A社の例>

料金改定	報酬率	自己資本報酬率	β値※	他人資本報酬率
平成 8年（認可値下げ）	5.25	5.43	0.7	5.18
平成10年（認可値下げ）	4.4	4.94	0.6	4.17
平成12年（届出値下げ）	3.8	3.56	0.4	3.86
平成14年（届出値下げ）	3.5	3.43	0.3	3.60
平成16年（届出値下げ）	3.2	4.27	0.7	2.76
平成18年（届出値下げ）	3.2	4.71	0.7	2.54
平成20年（届出値下げ）	3.0	5.42	0.7	1.93

※β値は平成8年、平成10年、平成12年、平成14年は5～10年間実績による。平成16年以降は、自己資本報酬率の採録期間に合わせてβ値を採録した場合、回帰分析による相関係数が0.1未満となりデータとして信頼性が低くなってきたことや、巨額の資金調達を要する電気事業においては安定的なβ値が用いられるべきであること、レートベース方式採用当初より自己資本利益率のポートフォリオ比率は70%とされてきたこと等を勘案し、事業経営リスクとして0.7を固定的に採用。

総合資源エネルギー調査会総合部会 電気料金審査専門委員会(第6回)資料
http://www.meti.go.jp/committee/kenkyukai/energy/denkiryoukin/report_001_02b.pdf

の利益を得ながら1.93％しか払わなくてよい。ここに1.07％の利ざやが生まれる。しかも計算上の70％ではなく、実際には94.4％の部分が利ざやになる。こうして固定的な制度のおかげで、利益を生む仕組みが作れる。自己資本を減らして、安い金利の他人資本を増やせば、自動的に利ざやが転がり込むのだ。

オイルショックの後、日本では電力会社を政策的に利用した。不況に陥った日本社会を順調な経済成長路線に乗せる起爆剤として、莫大な費用のかかる発電所を造られることを考えた。折りしもオイルショックの時期、電源の多様化として、一度輸入すれば一年間発電できる燃料であるウランを利用する原子力発電を推進させた。そのときに総括原価方式に、原子力にだけ有利になる仕組みが加えられた。

たとえば火力発電の燃料をいくら買っても固定資産にはならず、３％の利益にはつながらないのに、原子力の核燃料は固定資産として３％の利益を掛けられる「総括原価」に計上でき、しかも10年先までの手付金までも「特定投資」として「総括原価」に入れられるようにされた。使用済み核燃料をも「総括原価」に入れている。また、アメリカでは発電所は現に使えるようになるまでは総括原価に計上できなかったのに、日本でだけは建設の仮勘定の半額を着手段階から「総括原価」に算入できることにされている。さらにはずっと赤字の原子力関係の六ヶ所再処理工場を運営する日本原燃株式会社や、もんじゅを運営する日本原子力研究開発機構、敦賀原発、東海第二原発を運営する日本原子力発電株式会社などに対する出資や投資もまた「総括原価」に算入できた。2012年、東電が契約している三社に発電の実績がゼロなのに1000億円ずつ払うことが問題になったが、そもそも東電にとっては問題ではなかった。なぜならそれは「総括原価」にカウントされ、３％の利益を上乗せして、一般家庭などの需要家からすべて徴収できたからだ。

発電所が電力消費を作らせる

総括原価方式は先に述べたように原発に有利な仕組みがビルトインされている。しかも報酬率が３％なら、「総括原価」が大きければ大きいほど利益を生むことになる。

しかしそれ以前に高額で効率の悪い発電所が選択されやすいという欠陥がある。たとえば今、100 万キロワットの発電所を建てるとしよう。原発なら約５千億円かかる。しかし天然ガスのコンバインドサイクル発電であれば、１千億円程度で建てられる。しかし総括原価方式では「原価×３％」が利益だから、原価が高い原発のほうが儲かる。一方で発電効率から見ると、原発は熱の 33％程度しか電気に換えられない。ところが天然ガスコンバインドサイクルなら、約 60％の熱を電気に換えられる。どちらが有益だろうか。電力会社以外の人たちはすべて天然ガスのコンバインドサイクル発電所を選ぶだろう。効率が高くて価格も安いのだから。しかし電力会社だけは違う。報酬率を掛けることのできる原価の高いほうを選択するのだ（**図26**）。

しかしこの仕組みは設備をつくればつくるほど儲かる仕組みで、戦後の復興期にだけ必要な仕組みにすぎなかった。日本では、2001 年を過ぎた頃からついに電力消費が下がり始めたのだ。そうすると電力会社は発電所や送電線を作れなくなり、原価が下がるのだから利益も下がっていってしまうことになる。しかし電力会社と結託した政府は望みを捨てない。この政府の電力消費量の実績と見通しを見てほしい（**図 27**）。これまで伸びてきた電力需要は明らかに頭打ちになり、減り始めているのに、今後の見通しだけは増えるとされているのだ。

図26 なぜムダな設備を造るのか

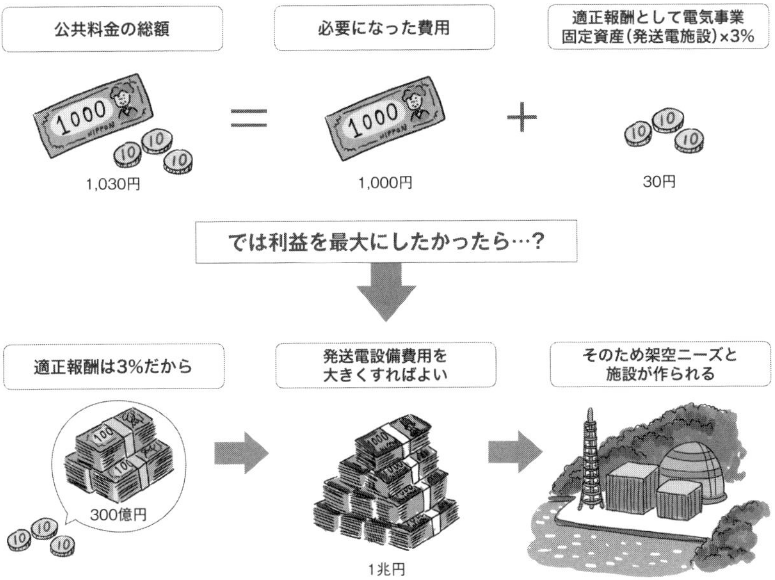

●これを「総括原価方式」という。
●この仕組みが不要な再処理工場を造らせ、電気の値段を高くした。

図27 日本は今後も消費を増やす見通し

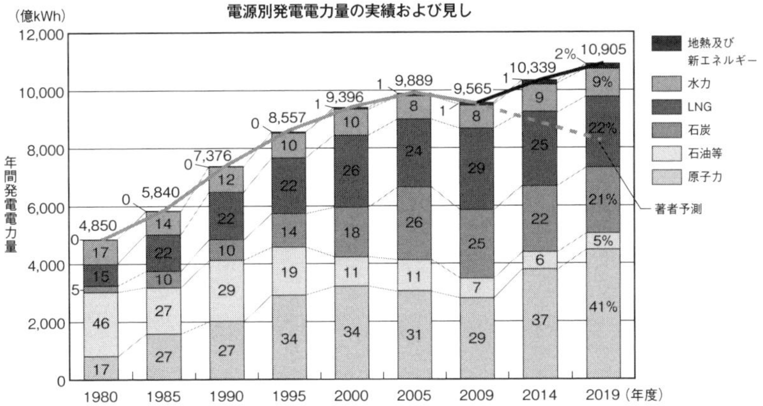

（注）石油等にはLGP、その他ガスおよび瀝青質混合物を含む四捨五入の関係で合計値が合わない場合がある
発電電力量は10電力会社の合計値（受電含む）、グラフ内の数値は構成比（%）

出典：電気事業連合会「電源別発電電力量の実績および見通し」に著者が傾向線を加えたもの
http://www.fepc.or.jp/enterprise/jigyou/japan/sw_index_02/index.html

これまで電力は、人口に比例して電力消費が伸びてきた。しかしついに人口の方が減り始めた。電力会社の利益を得る仕組みが壁にぶつかってしまうことになる。そこから電力会社が作り出したウルトラＣが「オール電化」だった。ガス会社の仕事を奪って、すべて電気に変えさせてしまおうと考えたのだ。

しかしオール電化は良くない。まずは二酸化炭素の排出量が増える。よく環境に良いとコマーシャルしてきたが、実際にはどこで実績を測っても、二酸化炭素の排出量がオール電化にする以前より多くなっている。その後電力会社のコマーシャルは、「オール電化」ではなく「エコキュートは環境に良い」に変えている。そして光熱費のトータルでは安くなると広告した。しかしこれは全くのウソで、たとえば九州電力は「安くなる」と広告したことから公正取引委員会から「排除命令」を受けている。これはレッドカードだ。違いは最初に購入しなければならない「エコキュート」という名の深夜の電気でお湯を沸かして貯湯する湯沸かし器と、ＩＨの調理器となべ・釜などの費用を入れなければならない、初期費用を含んでいないことだ。約120万円かかる。耐用年数約10年、つまり大まかには年12万、一月１万円ずつ安くならなければ得にはならないのだ。ところがそこまで安くなっている家庭はほとんどない。さらにオール電化契約をしている世帯の気づいていない問題がある（**図28**）。深夜の電気を使うから安くなると言われているが、2005年の深夜の電気は6.05円／kWhだったが、2012年の現時点で見てみると11.62円／kWhと、1.95倍に値上げされているのだ。電力会社の宣伝文句は「これから10年で〇円お得」というものだった。しかし10年たたない間にほぼ2倍も値上げされてしまっては、お得になっている暇はない。

そして特にＩＨの調理器は、電磁波が多く出る。調理は女性がすることが多い上に子宮の真正面、しかも電磁波の被害は胎児の方が大きくなる。とても勧められるものではないのだ。

こうして日本の電気消費は無駄に多くさせられてきた。「二酸化炭素排出量が減る」と政府の補助金まで得て、環境に良くない政策を進めたのだ。

図28 この7年間の深夜電力価格の変化

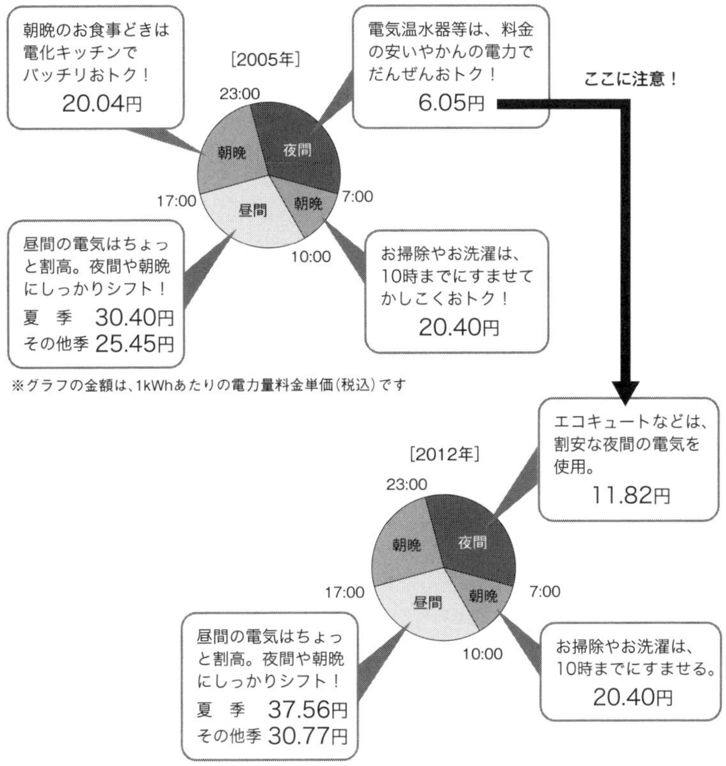
[2005年]
23:00
7:00
10:00
17:00
夜間
朝晩
昼間
朝晩
朝晩のお食事どきは電化キッチンでバッチリおトク！
20.04円
電気温水器等は、料金の安いやかんの電力でだんぜんおトク！
6.05円
ここに注意！
昼間の電気はちょっと割高。夜間や朝晩にしっかりシフト！
夏　季　30.40円
その他季 25.45円
お掃除やお洗濯は、10時までにすませてかしこくおトク！
20.40円
※グラフの金額は、1kWhあたりの電力量料金単価（税込）です
[2012年]
23:00
7:00
10:00
17:00
夜間
朝晩
昼間
朝晩
エコキュートなどは、割安な夜間の電気を使用。
11.82円
昼間の電気はちょっと割高。夜間や朝晩にしっかりシフト！
夏　季　37.56円
その他季 30.77円
お掃除やお洗濯は、10時までにすませる。
20.40円

http://www.tepco.co.jp/e-rates/individual/menu/home/home01-j.html

●深夜電力1kwh当たりの価格は、2005年 6.05円から、2010年 9.17円、2012年11.87円へと、約2倍も値上がりしている!
●オール電化は得にならない!!

デンマークも以前、オール電化に近いものを進めたことがある。しかしデンマークではそれが二酸化炭素の排出増加につながるとわかった途端、政策を訂正した。日本が問題なのは、一度決めた政策を訂正できないことだ。おかげで2011年の電力逼迫時に、東京電力管内の200万キロワットの電気が、オール電化のために使われたというのだ。つまりそれがなければ、電力は余ったはずなのだ。

こうして発電所のために電気消費が作られ、高くて効率の悪い発電所が選ばれてきたのだ。

さらには東京新聞2011年12月21日記事によると、以下のものまでが「原価」に入れられていたそうだ。

- 社員専用の飲食施設『東友クラブ』（都内・新潟県・福島県などに所在）の維持管理費
- 接待用飲食施設『明石倶楽部』（東京都中央区の聖路加タワー内に所在）の維持管理費
- 熱海などに所在する保養所の維持管理費
- 東京電力管弦楽団の運営費
- 総合グラウンドの維持管理費と減価償却費
- 野球やバレーボールなど車内のサークル活動費
- PR施設（渋谷電力館とテプコ浅草館）
- 一人当たり年間8万5千円の福利厚生の補助（他企業平均では6万6千円）
- 健康保険料の70％負担（他企業の会社負担は50～60％）
- 社員の自社株式の購入奨励金（代金の10％）
- 年3.5％の財形貯蓄の利子（利子補てんがない企業がほとんど）
- 年8.5％のリフレッシュ財形貯蓄の利子（制度自体がない企業がほとんど）
- 電力と関係のない書籍の購入代金
- 業界団体、財団法人への拠出金と出向者の人件費
- 原発立地自治体への寄付金
- オール電化PRの広告宣伝費

本来、3％の報酬率を掛けられる「総括原価」に含めることができるのは、発送電設備に限られているはずだ。しかし通常はこれを「原価」と呼び習わせている。そこまで含めているのだろうか。自民党の河野太郎氏が資源エネルギー庁に質した話をブログに載せている。

「この普及開発関係費とはなにかとたずねると、それは広告などを含む広報予算。それも原価に含まれるのかとたずねると、答えはイエス！」だそうだ。（河野太郎ブログ、「ごまめの歯ぎしり」より http://www.taro.org/2011/04/post-990.php）

先進国一高い電気料金

こんなことを続けてきた結果、日本の電気料金は世界一高いものとなった。2000年時点で世界一高かった。しかし資エネ庁は2011年11月「電気料金制度の経緯と現状について」と題した報告書を出し、(**図29**) のように2009年では、日本は特別電気料金が高い国ではないとした。

図29「日本の電気料金が世界に比べて安くなった」のウソ

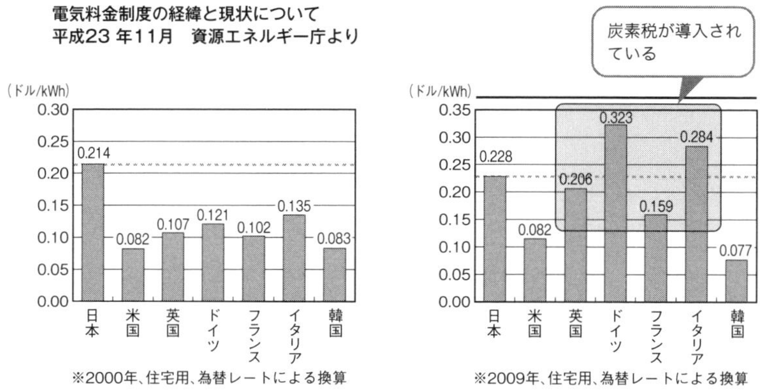

（参考）本資料で分析対象とした電気料金データについての注記について
原則としてOECD/IEA "Energy prices and taxes 2011" "Energy prices and taxes 2005" を使用。
注1）各国の1年間の使用形態を限定しない平均単価を計算したもの。
注2）産業用料金の中には、業務用（商業用）の料金を含むものと含まないものがある。日本の産業用料金の中には業務用の料金を含む。
注3）税込の値を使用。なお、税には消費税、付加価値税だけでなく、我が国における電源開発促進税のような目的税も含まれる。
注4）IEA統計ではドイツの産業用のデータは2009年について未収録であるため、欧州統計局によるドイツの電力価格データの伸び率を用いて外挿した値としている。
注5）フランスにおける2006?2007年の産業用の価格上昇要因は、IEAへの照会によれば同国の価格データ作成の方法の変更に起因するもの。

資エネ庁のデータは疑ってかからなければならない。いつでも電力業界に都合よく、事実が改ざんされるからだ。この報告書ではまず、一番下に書かれている読めないほど小さな文字の脚注を見なければならない。注の3に、「税込の値を使用。なお税には消費税、付加価値税ばかりでなく、我が国における電源開発促進税のような目的税も含まれる」と書かれている。一見すると「わが国の電源開発促進税を含む」と書かれているから日本が高く算出されているように見えるが、そうではない。この「目的税」の中に、欧州でもはや当たり前に導入され始めている「炭素税」やさまざまな租税負担が含まれているのだ。中でも最も高いドイツと日本の東京電力の2012年11月の電気料金を比較してみよう（**図30**）。日本との大きな違いは電力本体の価格以外に賦課される税負担の大きなことだ。日本では発電コストに賦課されるのは約7%の税負担のみだが、ドイツでは実に45%も賦課される。賦課される以前の裸の発電単価で見てみると、日本がkWhあたり26円なのに対してドイツは14円で済んでいる。その余分な賦課を含めて比較したいために、「税込の値を使用」としているのだ。

そして肝心な価格の比較をしてみると、東電が値上げしたこともあって、9%ほど日本の方が高い。「ドイツの電気料金は再生可能エネルギー導入のコストのせいで高い」と言われているが、日本の方が高いのだ。しかもドイツはすでに電力自由化が行なわれているため、より安い電気を選択することも可能なのだ。

日本の電気料金は、世界一高いはずのドイツの電気料金を上回るのだから、先進国一高い電気料金になっていると言えるだろう。さらに深刻なのは、裸の発電コストでも圧倒的に高いことだ。ドイツの電気料金が政策の影響で高くなっているのに対して、日本はただでさえ高いのだ。

これが日本の国際競争力を下げている。日本は高い発電所の作りすぎで電気料金が高く、ダムの作りすぎで水の値段が高く、せっかくの利益をリニヤに投入してしまうＪＲ東海のような仕組みで交通費が高くなる。インフラ価格が高いままでは国際競争できないから、割安の発電所を建てるべきだ。

原発を進めると高くなる電気料金

そこで資エネ庁に聞いてみると、資エネ庁は電力会社などの業界団体である「電気事業連合会」の試算の数字を出してくる。(**図31左**) のようなものだ。一方で原発のコストについては、『原発のコスト』岩波新書で大島堅一氏が電力会社の「有価証券報告書」や政府の補助金などから計算している。その結果は (**図31右**)見るとおりだ。

図30 2012年、ドイツと日本（東電）の電気料金比較

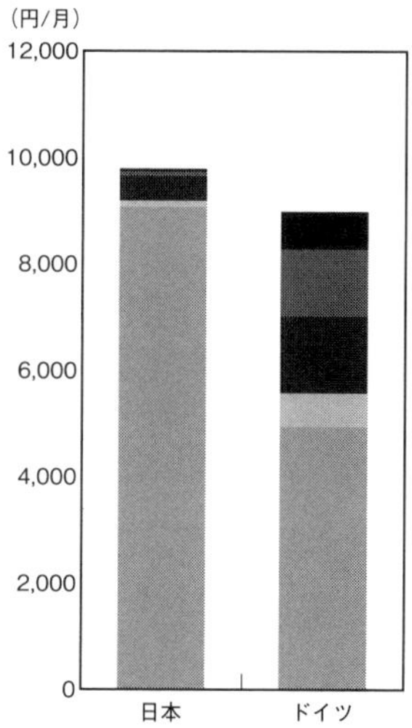

出典：ドイツの電気料金
Clara Kreftさんのブログ「八百八町」
2012/08/14ドイツ電気料金の内訳(2)
http://www.eighthundredandeighttowns.typepad.com/808-towns/2012/08/ドイツ電力料金の内訳2.html

炭素税
環境省「地球温暖化対策のための税について(2010年12月8日税務調査会資料)」によれば、電気料金に0.115円/kWh加える予定になっている。
http://www.mizuho-ri.co.jp/publication/research/pdf/policy-insight/MSI110331.pdf（8ページ目）

再生可能エネルギー発電促進賦課金
東京電力ホームページ
http://www.tepco.co.jp/e-rates/individual/shin-ene/saiene/pdf/20120620.pdf

図31 原子力の発電単価が安いというウソ

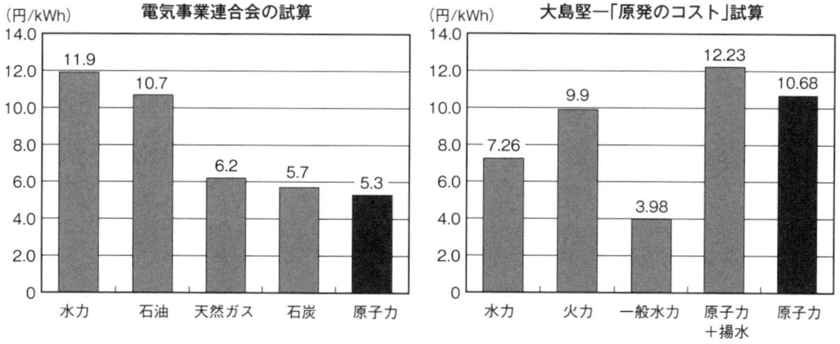

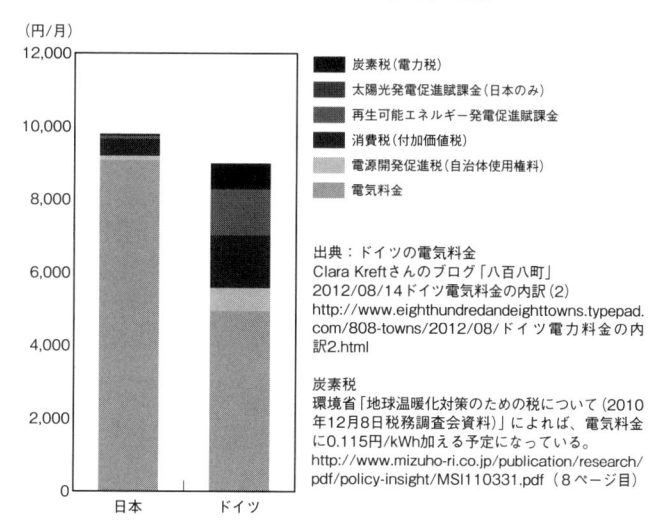

資エネ庁の言うことを信じたら、電気料金を安くするには原子力を進めるのがいい。ところが一方の大島氏のデータは電力会社自身が株主に報告するためのデータそのもの、「有価証券報告書」の実績に基づいている。それによると資エネ庁の言う原発の発電コスト5.3円／kWhに対して、倍の10.68円／kWhとなってしまっている。資エネ庁の数値の倍以上高く、最も高い。「隣にある12.23円／kWhの方が高いではないか」と思う人もいるかもしれない。これは「原発＋揚水発電」の合計コストだ。2012年夏、関西電力は揚水発電の発電量を発電設備量に加えなかった。理由は「原子力が止まっているので」というものだった。原発は一年中出力を100％に固定して動かすものだ。なぜなら弱火にすると不安定になり、事故の危険を招いてしまうためだ。すると、昼間の電気需要の大きいときはいいが、夜の電気消費が少なくなった時間帯では電気が余ってしまう。その余った電気のバッテリー（蓄電）用として建てられているのが揚水発電所なのだ。

揚水発電では上下に二つのダムを作る（「上池・下池」と呼ぶが巨大な貯水池だ）。深夜の余った電気で下池の水を上池に揚げ、昼間電気が必要になったときに上池から下池に水を落として発電する（**図32**）。上池に上げるとき必要な電気が10、上池から下池に落とすときに発電する量が7、つまり３割ずつ無駄にする電気しか発しない発（？）電所なのだ。よく言って蓄電施設、悪く言うと「捨て電所」だ（**図33**）。関西電力がそうしたように、これは原発が発電量が硬直的であるために必要になった原発の付帯施設だ。これまでも原発とセットで建設されてきた。だからその両者を足したのが、12.23円／ kWhなのだ。

「日本の電気料金が高くて国際競争力がなくなってしまうから安い発電を」と資エネ庁に聞くと、「原発がいいですよ」と出してくる。それを信じて原発を建てると揚水発電も必要になって12.23円／ kWhという信じられない額の請求書が来る。でも総括原価方式があるから、電力会社は安心して３％の利益を上乗せして需要家に請求する。その結果、さらに日本の電気料金の高さは世界的に突出する。この繰り返しなのだ。この構図はどこかで見たことがある。そう、戦時中の政府の「大本営発表」とそっくりなのだ。「わが国の軍隊は連戦連勝です」と言われながら、なぜか「敗戦」。電力リテラシーがなければ、日本が今後の世界で生き延びていくことは困難だと思う。

正直言って、この程度の理解もしていない人が「経済人」だったり「経済界」であったりするのは絶望的な事態だと思う。

図32 揚水発電のしくみ

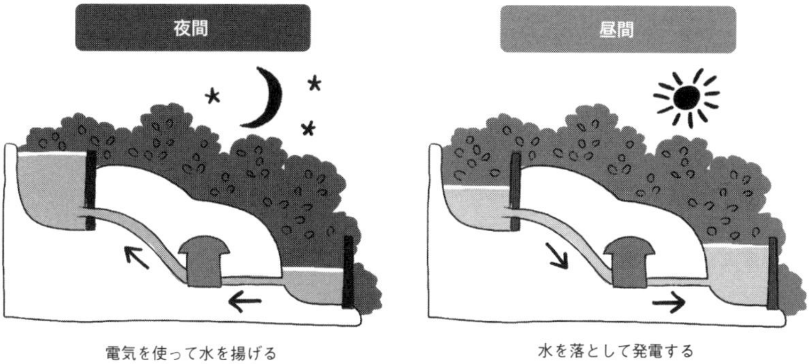

図33 揚水発電所は「捨て電所」

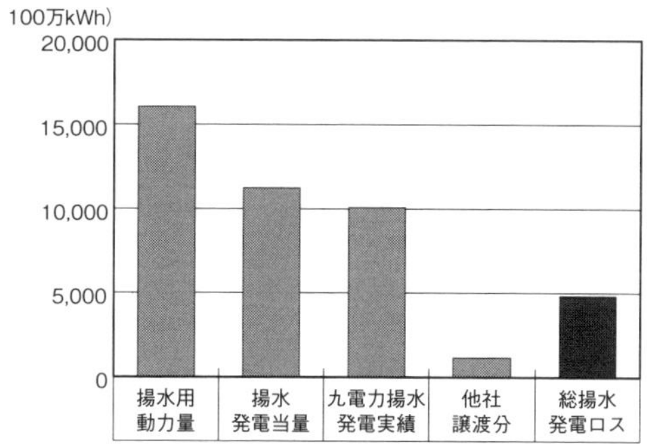

「電気事業便覧」1999年より著者作成
初出『日本の電気料金はなぜ高い』2000年北斗出版(絶版)

第4章

電力リテラシー
電力消費ピーク問題

2012年夏、関西電力は「電力需要を乗り越えられない、停電が起きたら小さな事業所や入院患者はどうなるのか」と心配させ、大飯原発を再稼動させせた。民主党の前原誠司政調会長は、「関西電力大飯原発3、4号機の再稼働がなければ、関西地方は計画停電が必要になる。再稼働しなかった場合、計画停電をするかどうか。関西地方はそこまでしないといけなくなる。計画停電を実施した場合、医療機関などでは人の命にかかわるだろう」と述べた。(http://sankei.jp.msn.com/life/news/120513/trd12051313060006-n1.htm)

一方で関西電力は、会議の席では「再稼動させるのは電力需要のためではない」とも発言しているが。しかしこの再稼動を政府も関西の自治体も容認し、そして多くの人々の期待を裏切って再稼動させた。大飯原発は海抜四メートルしかなく、事故の時に必要な免震棟はない。事故時に対応するオフサイトセンターは海抜二メートルしかなく、原発より先に津波に呑まれる状態なのに、野田首相は（当時）「福島を襲ったような地震、津波が起こっても、事故を防止できる対策と体制は整っている」と述べて再稼動させた。では夏を越えた今、彼らの言った話を答え合わせしてみよう。

その前に電気に重要なことは、これまでの技術の範囲では、「電気は貯められない」ことが鉄則だったということだ。電気は貯められないから消費するそのときに発電しなければならない。つまりどうしても発電所が必要になるのは、毎日の消費のためではなく、最大消費の出るピークの問題だということだ。一年を平均してしまえば、ほぼ6割しか発電所は利用されない。4割はお休みしているのが発電所の通常だということだ。

だから国家戦略室が国民に問うた「2030年の電源構成（**第1章の図1**）」というのも、ピーク時の消費を賄うための発電所という意味で、年間を通じての話にはならない。電力にとって「消費のピーク」とは、最も重要な概念だ。「電気は貯められない」から、そのときに発電するしかない。だから発電所を建てておかなければならないものなのだ。

これを説明しただけでも別な解決策を考えつく人もいるだろう。そう、電気は虚偽のベールに隠され、「由らしむべし、知らしむべからず（為政者は人民を施政に従わせればよいのであり、その道理を人民にわからせる必要はない)」とされてきたのだ。

大飯原発再稼動は役に立ったのか

さて、「答え合わせ」を続けよう。電力会社の予想した夏のピーク需要と実際のピーク需要を並べてみたのが(**図34-①**)だ。日本中、どの全電力会社とも予想が上まわったことが見て取れる。しかしこれを見る限りでは余裕量も少なく、大変なように見える。しかし違うのだ。日本の電力は送電線でつながっている。しかし北海道と本州をつなぐものは送電量が小さく、一方通行なので無視し、50ヘルツと60ヘルツの地域は周波数を調整しなければならないので融通量を無視すると、(**図34-②**) のようなグラフを描くことができる。「東京･東北電力ブロック(50ヘルツ)」と、「西日本六社ブロック(60ヘルツ=北陸・中部・関西・中国・四国・九州)」だ。それらは送電線がつながっているのでそのまま一体として運用できる。すると東京・東北ブロックでは517万キロワット時の余剰があり、西日本ブロックでは805万キロワット時の余剰がある。大飯原発3号機、4号機合計で236万キロワットの発電量だから、大飯原発を再稼動していなくても、西日本ブロックでは569万キロワット時の余剰があったことになる。一方で関西電力は大飯原発の再稼動と前後して、8基の火力発電所を止めている。それらの発電量は384万キロワットあったのだから、大飯原発の再稼動は不要であったことがわかる。火力発電の停止を計算に入れたとしても、融通電力を考えれば再稼動は不要だった。

図34-① 過剰だった最大電力消費量予測

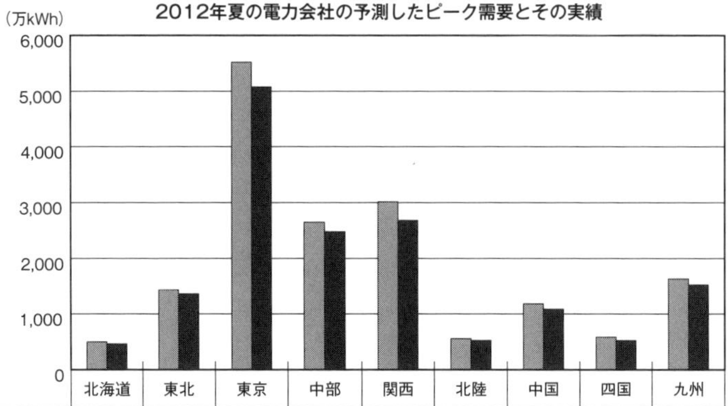

	北海道	東北	東京	中部	関西	北陸	中国	四国	九州
最大予想	500	1,434	5,520	2,648	3,015	558	1,182	585	1,634
実績	463	1,359	5,078	2,478	2,681	526	1,085	526	1,521

図34-② もし各社同時にピークが出ても、送電線ブロック合計ではこの余裕

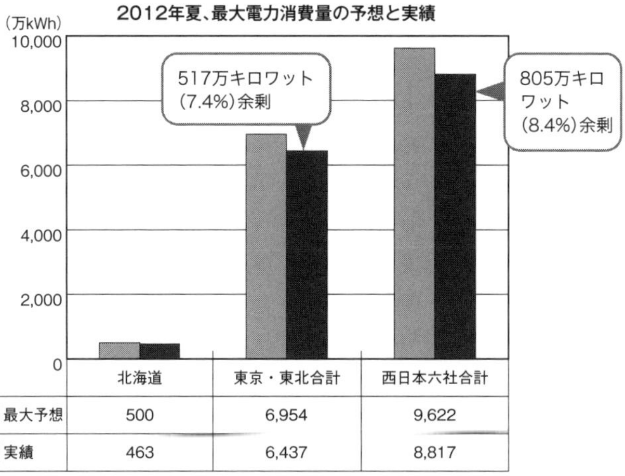

	北海道	東京・東北合計	西日本六社合計
最大予想	500	6,954	9,622
実績	463	6,437	8,817

東京新聞2012年9月7日「再稼働不要裏付け　今夏消費5～11%減」より著者作成
http://www.tokyo-np.co.jp/article/feature/scheduledstop/list/CK2012090702000110.html

しかしそれだけではない。ピークの消費量なのだから、六電力会社が同時にピークを迎えた場合の計算だ。実際には六電力会社が同一日の同一時間にピークを迎えることはないので、実際にはもっと余裕があった。

その関西電力の最大電気消費は2012年8月3日のピーク時で、2681万キロワット時であった。火力発電を勝手に休止させたことを容認したとして、関西電力側が用意していた発電量は2750万キロワット時だったから、それでも足りていた。融通電力を考えれば問題ない。

消費ピークはどれほどあるのか

そこで気になるのが最大消費ピークの頻度だ。ひと夏の間にどれほどの時間、発生するものなのだろうか。そこで過去最大の猛暑だった2010年夏の東京電力の電力消費で計算してみよう。東電は世界最大の電力会社で日本の三分の一の電気を供給する会社だから、例として申し分ない。一年間は24時間×365日で、8760時間ある。それぞれの時間ごとの最大電力消費を上から順に並べると、(**図35下**)のようなグラフが描ける。最大消費量の6000万キロワット時程度から最低は2000万キロワット時程度まで、なだらかな曲線を描ける。平均値では3500万キロワット時程度だから、やはり年間平均負荷率（稼働率に近い）は58%程度と想定できる。

しかしその最大電力消費ピークの部分は非常にとがっている。その部分を拡大したのが（図**35上**)のグラフだ。余裕度として最大電気消費の5999万キロワット時から原発一基分の100万キロワットを引いた5899万キロワットのところに線を引いてみよう。最大から100万キロワットを引いた値を超えたのは、わずか5時間しかない。そのピークは2010年7月21日（水）から23日（金）までの三日間に集中し、午後2時と3時だけになっている。

消費ピークには明らかな定理がある。「夏場・平日・日中・午後2時と3時で、東京都の気温がその夏の最高を記録するとき」だ。そのことは2002年に東電が「でんき予報」を公開してから、公開されているものは毎年グラフを作成しているが、全く変わらない定理だ（**図 36, 37, 38, 39, 40**）。

図35 年間 8760 時間のうち、原発必要ラインを超えたのは、わずか5時間

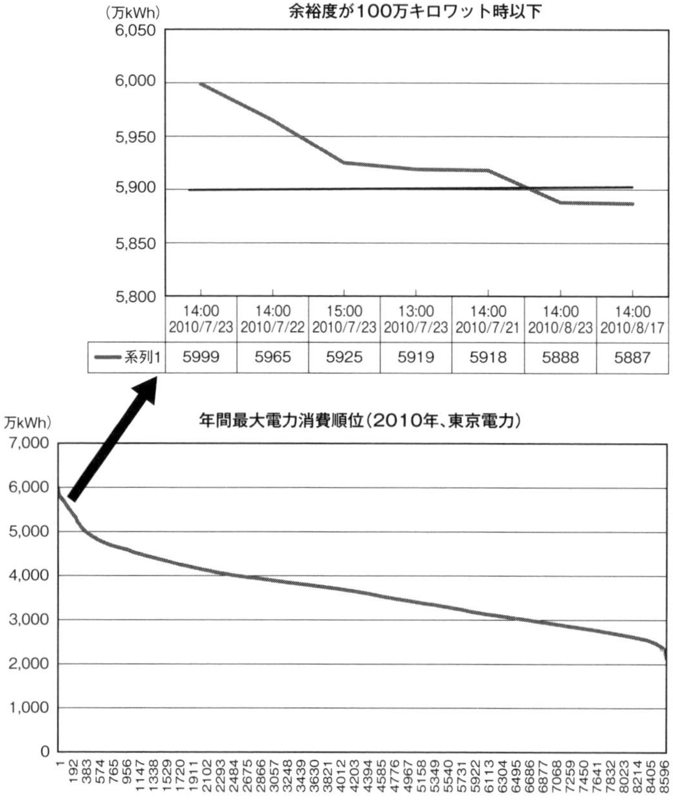

「東京電力でんき予報 2010」より著者作成

図36 東京電力のピーク需要の特徴

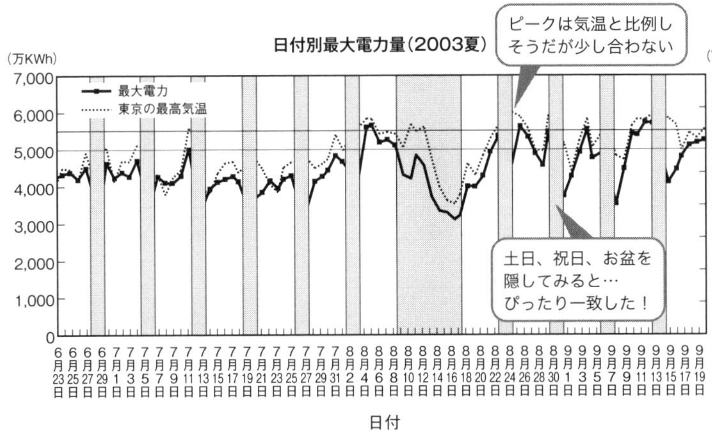

●夏場、平日、日中、午後2-4時、気温31℃以上のときにだけ、ピークが出ている!

図37 2009年夏、5100万kW超え6回

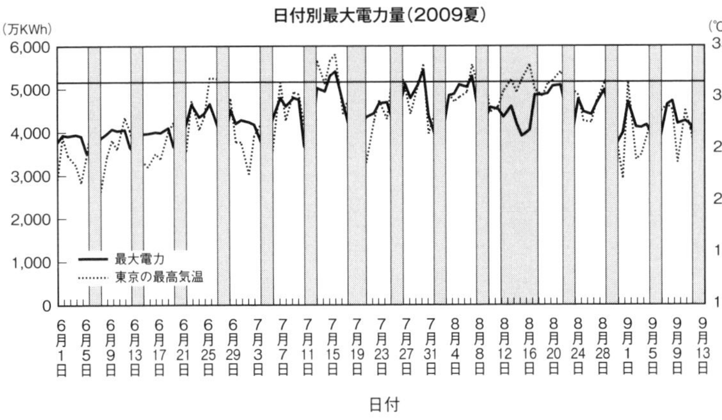

●2009年度ピーク分析5100万kWh-平日、日中、気温が30.9℃を超えたときに限られている

図36 ～ 40の出典：
各年の「東京電力でんき予報」および各年の夏の最高気温は「気象庁/過去の気象データ検索」より著者作成
http://www.data.jma-go.jp/obd/stats/etrn/index.php

図38 2010年夏、5800万kWh超え13回

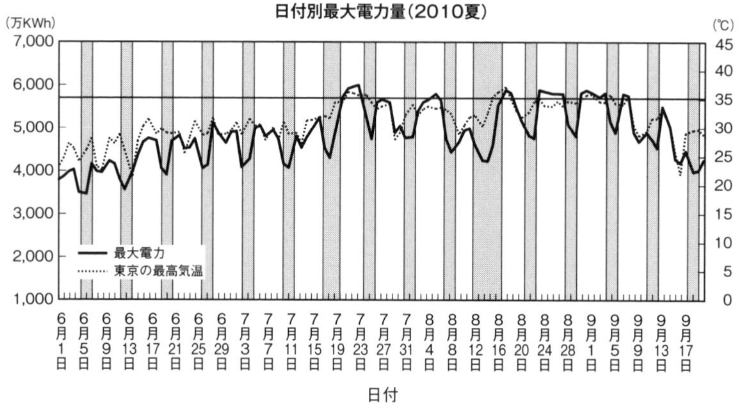

●2010年度ピーク分析5800万Kw-平日、日中午後2-3時、気温が33.8℃を超えたときに限られている

図39 2011年夏、4500万kWh超えも同じ構図

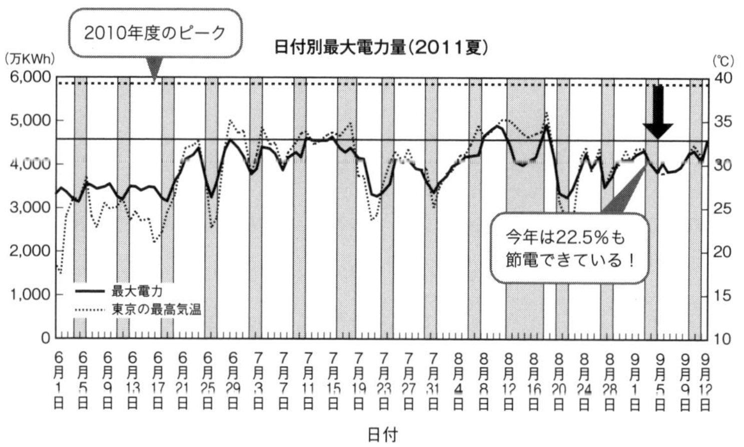

●2011年度ピーク分析4500万kWh-平日、日中午後1-2時台、気温が32.8℃を超えたときに限られている

図40 2012年夏、4950万kWh超えも同じ

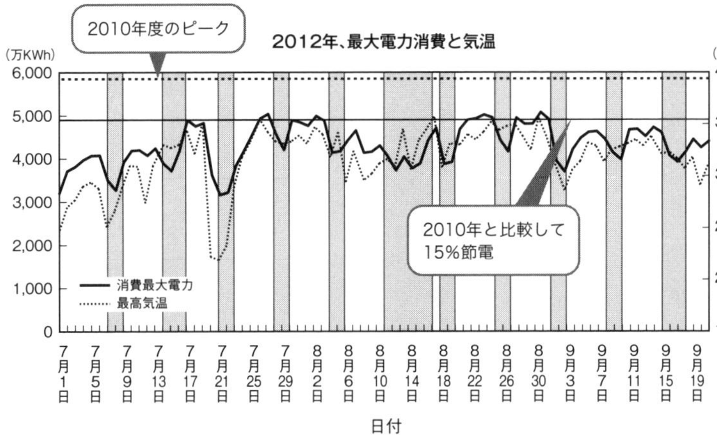

わずか年間5時間のために、原発をずっと動かすことに合理性があるだろうか。発電所を建てれば電力会社は「総括原価方式」の仕組みによって潤うが、社会全体にとっては損失になる。発電所を建てるより、ピークの電力消費量を下げることのほうが、ずっと合理的で社会的に有益だ。

消費ピークを作るのは誰だ

問題解決には常に「原因に対して対策する」ことが必要だ。それならば、ピーク時に電気を消費しているのは一体誰なのかが問題になる。そこで再び資エネ庁に聞いてみよう。すると資エネ庁は（**図41**）のようなグラフを出してくる。2010年の東京電力のピーク、約6000万キロワット時を軸にして、産業が1700万キロワット時(28.3%)、業務用が2500万キロワット時(41.6%)、家庭用が1800万キロワット時（30.0%）となっている。これによると、業務用が大きく、次いで家庭の電気消費が3割を占めることになる。このデータを見る限り、家庭での「ライフスタイルの変革」が重要なようだ。

図41 省エネ庁の想定したピーク時の消費割合

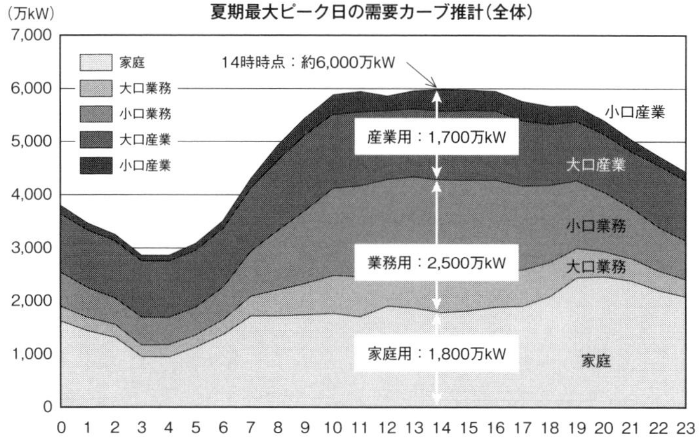

注1：送電ロス分役10％を含む
注2：ここで「14時」とは、14～15時の平均値を指す。以下同じ。
http://www.meti.go.jp/setsuden/20110513taisaku/16.pdf

しかしこのデータは間違っている。これについては2011年8月1日、朝日新聞の記事で問題にされている。「家庭の電力、2割過剰推計『15％節電』厳しすぎ？」という記事だ。良い記事なので一部紹介してみよう。

「真夏のピーク時、東京電力管内の家庭が使う電力の政府推計が、経済産業省資源エネルギー庁が調べた実測値よりも2割多いことがわかった。政府は節電メニューを示して家庭にも15％の節電を要請しているが、消費量を多めに見積もったため、家庭に必要以上の節電を求めたことになる」「東電企画部によると、電力使用量の詳細は大口契約の一部しかデータがなく、エネ庁に出した数字は様々な仮定をおいて推計した。『提供を求められてから、数時間ほどで作ったデータ。家庭の使用分は実際より大きめの可能性がある』（戸田直樹・経営調査担当部長）と説明する。」（朝日新聞　2011.8.11
http://www.asahi.com/national/update/0731/TKY201107310433.html）

この2割過剰に計算した数値は、もともと東京電力が調べたものだそうだ。資エネ庁はその東電のせいにし、東電は「提供を求められてから、数時間ほどで作ったデータ。家庭の使用分は実際より大きめの可能性がある」

という苦しい言い訳をしている。

しかしそれ以前に、同じ家庭の電力消費量を資エネ庁自身も調査し、東電の出した数字よりも2割少ない数字であることを知っていた。それなのに資エネ庁自身の調査結果を使わず、東電の過剰な見積もりを信じたというのは、作為的ではないか。

ここまでで「ピーク時の電気消費量の30%」という数字自体が過大評価であることはわかる。では本来の、ピークに対する家庭の消費割合は、どのくらいなのだろうか。そこで知っておきたいのが資エネ庁が今回発表している「在宅率」だ。消費ピークの来る午後1時から4時までの間、不在の世帯が三分の二を占めるのだ。三分の二が不在の時に、年間平均では22%しか消費しない家庭が（**第2章図10**）、30%も消費できるはずがない。

ではどのぐらいが正当な消費量なのだろうか。家庭の電気消費は、朝夕に高く、日中が低い。朝夕は日中の倍以上になっている。事業者は逆に、朝夕は極めて少なく、日中が倍以上になっている。しかも家庭は休日に消費が多く、平日に消費が少ない。おそらく全体の22%という家庭の消費量は、ピークの電力消費時には、さらに四分の一程度になるはずだ。最大に見積もっても、消費ピークの10%に達しないだろう。私がの計算では、（**図42**）のようになる。

ピーク時の家庭の電気消費の割合が1割程度だと知っても、それでも家庭の節電などの「ライフスタイル」が問題だと言うのだろうか。こうした主張は実態を知らないのか、それとも知っていて「原発を再稼動させる」ためにする議論かのどちらかだ。

図42 著者の推定するピーク時の消費割合

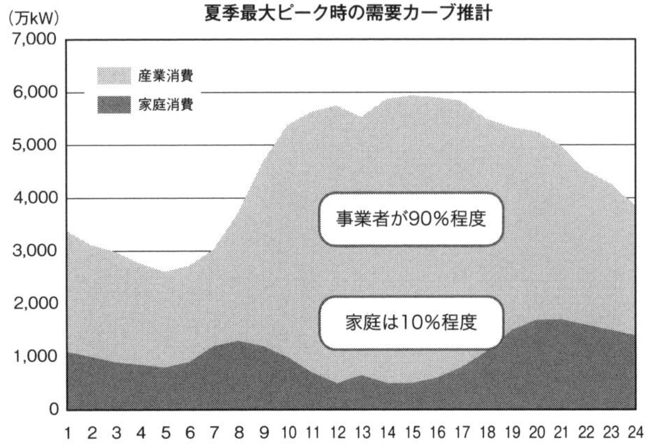

家庭の年間消費割合22%（図10）に、事業系と家庭の消費割合を「休日／平日」で按分し、さらに「日中／夜間」で按分し、さらに家庭の実績電力消費データ（毎5分ごとの統計／自然エネルギー推進フォーラム資料）により補正した。
初出：『日本の電気料金はなぜ高い』北斗出版（絶版）

偽装「計画停電（輪番停電）」

大震災の直後、福島第一原発だけではなく、東京電力と東北電力は冷却水を太平洋岸から取っていた多くの発電所が動かなくなった。津波に発電所が壊されたり、燃料の石炭に津波を被ってしまったからだ。そのため原発以外の発電所も動かず、深刻な電力不足に見舞われた。そのため地震の直後の3月14日から、東京電力管内では計画停電という名の「輪番停電」が実行された。さて、これまでしてきたのと同じように、電力の供給量と需要量とをグラフにしてみた（**図43**）。見てわかるように、供給量ぎりぎりまで需要が伸びているのは3月16日と17日だけだ。さらに消費の時間帯を追ってみる（**図44**）と、消費ピークが出るのは「平日の午前8時から12時」と、「休日の夕方18時から22時」だけになっている。しかも休日は平日の約2割消費が少ないので停電の心配はない。

さらに電力消費ピークの傾向を調べてみた（**図45**）。3月時点では、気温が低くなると電力消費が大きくなっている。この時点にもまた、明らかな傾向があるのだ。計画停電をするとしたら、気温が低い「平日の午前8時から12時」だけすればいい。

図43 2011年3月11日以後の電力供給力と需要

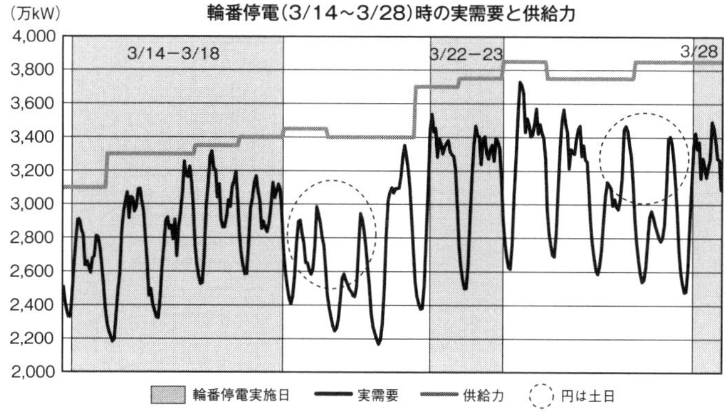

図44 平日と休日の電力需要と供給力

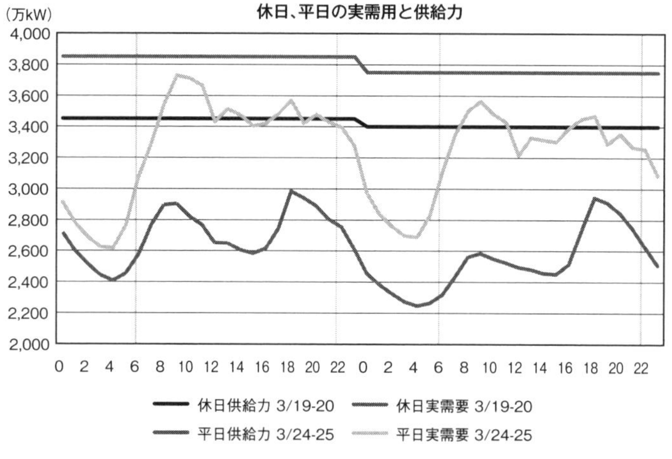

図45 気温と春の電力需要の関係

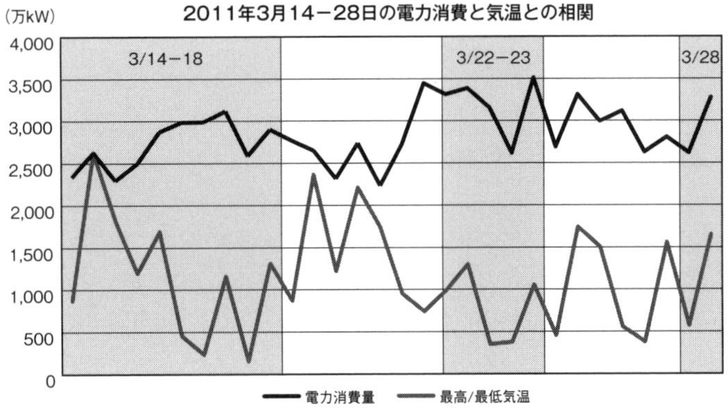

図43 ～ 45の出典：
「東京電力でんき予報」(http://www.tepco.co.jp/forecast/index-j.html) および「気象庁/過去の気象データ検索」(http://www.data.jma.go.jp/obd/stats/etrn/index.php) より著者作成

ところが計画停電は、午前6時20分から夜22時まで行われた。しかもその日の朝にならないと、今日の計画停電が実施されるかどうかもわからない。東京周辺ではその後にも節電が続けられたので、まるで2011年は一年間ずっと計画停電させられた気がした。しかし振り返ってみればわずか8日間だけのことだった。その後は意味不明な「自主節電の協力」が強制され、電車は間引き運転されて混雑し、車内は明かりがなくて暗く、夜も街路灯が消された。夜間に電力消費のピークは出ないのに。さらには信号が消えて交通事故が起きたり、人工透析患者の透析時間が短縮されたり、在宅で酸素療法していた患者が、停電で酸素供給が停止して亡くなられたりしている。

本当に計画停電は必要だったのだろうか。計画停電によって電力逼迫が避けられたと認められるのは、3月16日の午後6時から午後9時までと、17日の午前8時から10時の間だけにすぎない。まさに大震災で、多くの発電所が稼動できなくなっていた時期だけだ。その後の18、22、23、28日は計画停電がなかったとしても電力は不足していなかった。

計画停電が行われた「午前6時20分から午後10時まで」は長すぎる。

不必要な時間帯まで停電させている。本当に必要だったのは数時間だけ、しかも消費ピークは予測可能だった。こうして見ていくと、計画停電は「脅し」ではなかったかという疑念が浮かぶ。

2012年3月の「日本世論調査会調査」によると、将来は原発をなくす「脱原発」という考え方に、「賛成」が44%、「どちらかといえば賛成」が36%、合計で80%だった。その一方で停止中の原発について、「電力需給に応じ必要分だけ再稼働を認める」が54%だった。「電力が不足するのなら、安全が確認された原発は再稼働させてもよい」とする人が51.5%と過半数を占めている。ということは、停電で脅せば人々は、「停電するのは困るから再稼動を認めよう」と考えることになる。

だから人々を「停電」で脅かせば、キャスティングボードを握っている人々を「いやいやながら原発再稼動を容認する」状態にすることができる。その後も計画停電の脅しは、人々を「いやいやながらの容認派」に仕立てることが目的だったのではないか。

橋下市長の明暗

大飯原発再稼動のときにも、関西の人たちは「計画停電せざるを得ない」と脅された。その一方で大口電気需要家に対する「電力使用制限令」は最初から見送られている。電気事業法に基づき、大口の契約電力500kW以上需要家の使用最大電力を制限する措置だ。しかし実行されることになった「計画停電」は、家庭や商店などの小口需要家だけに地域を区切って停電させるものだ。大口契約者にやさしく、家庭や小口の消費者に厳しい。

特に中小零細は大変だ。停電が起これば、バックアップ電源を持っていない中小零細企業は大事なデータを失うかもしれない。「どうしてくれるんだ、市民がバカみたいに原発なしでも電気は足りると騒いだおかげで我々の業務には大きな被害が出たんだ。やっぱり原発なしでは雇用も守れない、原発再稼働は生命線だ」と怒りだすだろう。

こうして大飯原発は再稼動し、「原発神話」は復活した。政府や電力業界が信頼に値するかどうかは、2011年の「計画停電の現実」から明らかなのに。

橋下大阪市長肝煎りで作られた「大阪府市エネルギー戦略会議」は、関西電力の偽りのデータを追い詰めていった。そこで関西電力は再稼動の理由について、「電力需要の問題ではない」と答えざるを得なくなった。それにもかかわらず計画停電が予定され、橋下市長はこれを容認した。それだけではない。橋下市長自身が「産業には影響を与えず、家庭に冷房の温度設定など負担をお願いすることになる。安全はそこそこでも快適な生活を望むのか、不便な生活を受け入れるか、二つに一つだ」と言いだした。

(http://mainichi.jp/select/news/20120426k0000e040248000c.html)

会議の中で関電が「電力需要の問題ではない」と答えていることは知っているはずだ。家庭の電気需要の問題ではないことも。しかし9月には、この「大阪府市エネルギー戦略会議」を自分で作っておきながら、自分で「違法の疑いがある」と言ってとりまとめの直前につぶしてしまった。

橋下市長が2012年2月に大飯再稼動問題で、民主党幹部同席の上で経産省幹部と密会を繰り返していたことが、赤旗の2012年5月1日の記事で暴露されている。その後はご存知のとおり国政進出だ。国政進出となると財界を敵に回せないと考えたのではないか。脱原発は人気取りのためのパフォーマンスだったのだろう。2012年4月26日の毎日新聞は、「橋下市長はこれまで安全性を確認する手続きが不十分なことを理由に原発再稼働に反対してきたが、『理想論ばかり掲げてはだめ。生活に負担があることを示して府県民に判断してもらう』と強調した」と書いている。いや、「理想論(?)を掲げたのはあなたでしょ」と突っ込みを入れたいところだ。

エアコン消費の過大評価

ピークの消費は家庭の消費のせいでないことはすでに述べたとおりだ。

それなのになぜ橋下市長が「家庭に冷房の温度設定など負担をお願いする」と言ったように家庭のエアコンばかり問題にされるのか。ここに再び資エネ庁のミスリードが再度登場する。資エネ庁が電力消費ピーク需要の3割が家庭のせいだという誤った情報を流していたことはすでに述べた。その際に資エネ庁は、ウソの上塗りをするかのように（**図46**）のようなグラフを発表している。ピークの出る時間帯に、家庭の電気消費の実に53%までをエアコンが消費するのだそうだ。三分の二の世帯が不在なのだから、残る三分の一の世帯は、エアコンで室内が冷蔵庫になるぐらい冷やしていることになる。

図46 それでも懲りずに偽装する資源エネルギー庁

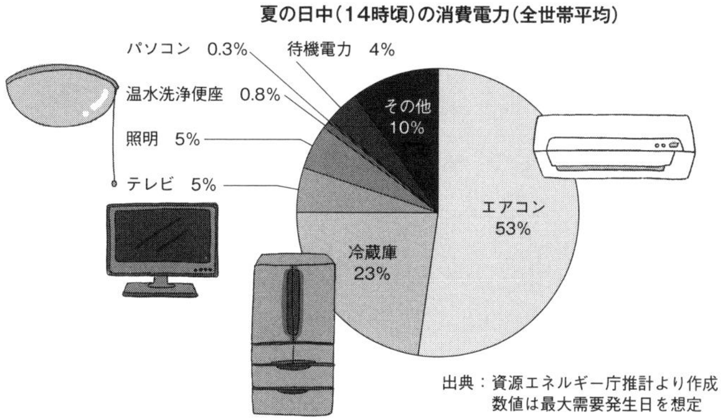

出典：資源エネルギー庁推計より作成
数値は最大需要発生日を想定

●家庭の7.4%の消費しかないエアコンを、三分の二が不在の平日昼間に、53%も消費するわけないでしょ?!

ここにもうひとつ不思議なグラフがある（**図47**）。もともと政府の外郭団体だったが、今は財団法人となっている「省エネルギーセンター」が出している「省エネ性能カタログ」という優れた冊子に載っている。不思議なのは2011年まで家庭内の25.2%と電気の最大部分を消費していたはずのエアコンが、2012年版では突然7.4%になってしまっているのだ。日本中の世帯が突如、エアコンを半分捨てて残りを省エネエアコンに買い換えたのだろうか。そうでないと達成できない数字だ。

図47 省エネカタログさん、一年でこんなに変わる？

いちばん電力を消費するのは？　2011年版
家庭における消費電力量ウェイトの比較

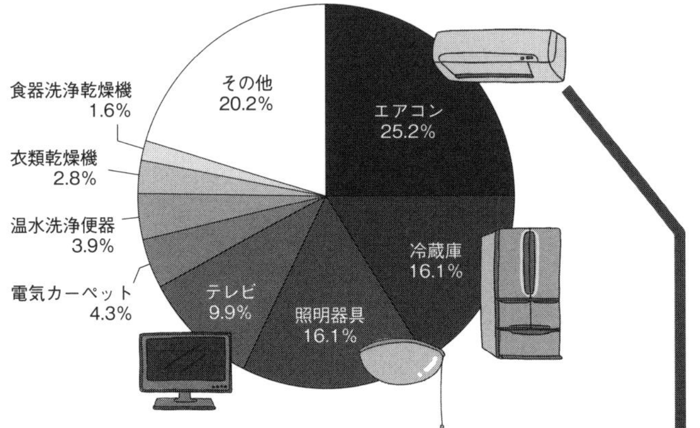

出所：資源エネルギー庁　平成16年度電力需要の概要（平成15年度推定実績）
注：割合は四捨五入しているため、合計が100%とは合いません。

いちばん電力を消費するのは？　2012年版
家庭における機器別エネルギー消費量の内訳について（平成21年）

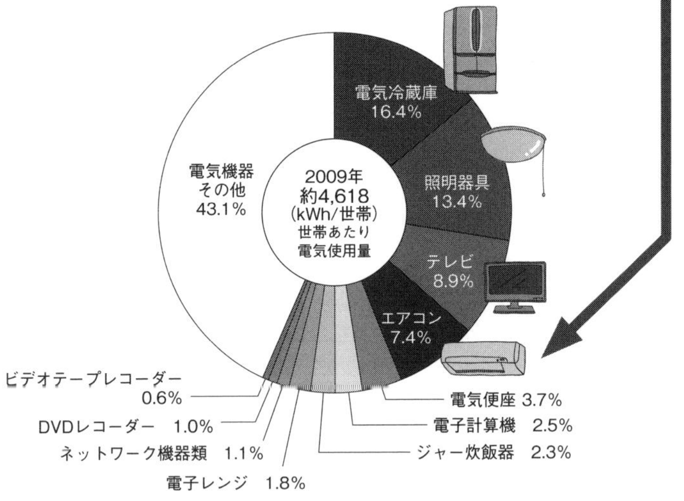

出所：資源エネルギー庁 平成21年度 民生部門エネルギー消費実施調査（有効回答10,040件）および機器の使用に関する補足調査（1,448件）より日本エネルギー経済研究所が試算（注：エアコンは2009年の冷夏・暖冬の影響含む）。

●エアコン消費の偽装を認めたんなら、ちゃんと公表すべきです。

エアコンの性能表示にはもともと偽りがあった。JIS（日本工業規格）の規格で、エアコンは機械の性能を「一日18時間動かす」ことを前提にしている。その数字をそのままエアコンの電気消費量に流用したのだ。さらにエアコンの冷やす能力を、最大性能で表示した。ところがこの最大性能は普段は使えず、JIS規格通りの「外気温と室内温度」になった時か、特殊なスイッチ操作をしたときだけ作動するものだった。性能を調べていた研究者がJIS設定どおりの条件にしたところ、爆音を立てて動き出したことで発覚した。「爆風モード」と呼ばれているものだ。そのときしか最大性能にならないのに、それを表示していたのだ。ところが家庭では爆風モードにはもともとならない。しかもエアコンは一日18時間どころか、3時間程度しか使っていない。だから家電量販店に表示されているほどの節約にはならないのだ。

こうして幾重ものウソに囲まれて、私たちの省エネ努力は無駄にされる。しかしエアコンの省エネ偽装問題は、市民が問題にしたおかげで改善されることになった。

本当のピークは

電気は貯められないために、発電所は最大消費ピーク需要を賄えるだけ建設される。（**第1章図1**）で見た「各シナリオにおける発電構成」の数字も、最大ピーク時の発電構成の話でしかない。それは一年間のわずか数時間のことでしかなく、8760時間ある年間時間の0.1%の話でしかない。わずか0.1%の需要ために、生産工場を増設する企業があったらとっくにつぶれている。ところが総括原価方式で、コストをかければさらに利潤を加えて消費者から取れる仕組みのせいで、日本では0.1%を下げるのではなく、限りなく発電所を増設する道を選んできた。しかも最も高くて効率の悪い原子力を中心にして。

しかしそのコストは、すでに自由化されて競争関係にある事業者向けの電気料金に転嫁することは難しい。家庭を除く50kW以上の電力を消費する事業者へは、2000年からすでに市場が自由化されて直接供給できるため、電力会社が電気料金を高くすれば、特定規模電気事業者（PPS）に市場を奪われてしまうからだ。そのため電力会社は窮地に陥った。そこで行われたのが、自由化されていない50kW以下の事業者と家庭へのツケ回しだった。家庭や小規模事業者の電気消費は全体の38％で、大口向けが62％を占めるのに、東京電力1537億円の利益のうち、91％が家庭や小規模事業者から得られていたのだ（2012年5月23日 読売新聞）。

しかしこのコストを作り出したのはピーク時に消費をしていた側だ。ピークが伸びるから発電所が必要になったのだ。そのピークの9割は大規模事業者が作り出している。大企業がピークの9割消費するのに電力会社の利益の1割も負担せず、家庭はピークの1割しか消費しないのに9割の利益を負担する。これを不公正と言わずに、なにを不公正と言うのか。

この事実を糊塗するために、ウソのデータが作られてきた。いわく原発の発電単価は最も安い、日本の電気料金は高くない、オール電化は得をする、環境に良い、ピークの消費の3割は家庭だ、エアコンの消費が家庭内の最大消費だ、ライフスタイルの問題だと。

このままウソにつきあっていたら、日本は経済的にも破綻してしまうだろう。しかし解決策はある。原因が見えた時点で解決策は浮かぶものなのだ。さて、電力リテラシーをつかんだ上で、解決策を見ていこう。

第5章

電力問題の解決策1
電気の消費を減らす

発電より節電が先

電気の問題は「発電所をどうするのか」と考える供給側の問題より、「何にいつ、どれだけ電気を使うか」という需要側の問題のほうが重要だ。多くの議論がすぐに「ではどうやって電気を作るのか」という問いになること自体がすでに罠にはまっている。まるできちんと収入のある会社員が、浪費癖を直さずにサラ金からカネを借りようとするようなものだ。発電を考える前に、電気をもっと大事に、効率的に使えばいい。

このことは相手が自然エネルギーであっても同じだ。以前に自然エネルギーの助成事業を市民団体でしていたときに、庭の池に噴水をつけるために太陽光発電を使いたいという申請があった。これには助成しなかった。せっかく新たなエネルギーを生み出しても、それが電気需要の削減につながらないのでは意味がないと考えたからだ。太陽光発電が良いのではない。従来の発電による環境負荷が少しでも減ることが大事なのだ。

第2章の初めに述べたように、日本はドイツと比較して電気消費を伸ばしすぎている。ドイツを基準にすると、ドイツの状態を越えて消費を増やしてしまった部分が問題だ。それが「オール電化」や「電気給湯器」だろう。まず電気給湯器は電気の無駄遣いだ。どちらにしても電気でお湯を沸かすのは無駄だが、エコキュートにはヒートポンプ機能が入っているので外の熱を集めてお湯を沸かす分だけずっとマシではある。ところが電気給湯器が売れてしまう原因は、エコキュートに比べるとはるかに安いためだ。そのために途中で価格を知って電気給湯器にしてしまうためと思われる。

電気で熱を作るのは無駄だ。たとえば電気を使って電気ストーブで暖を取ったとしよう。その発電を原発で行い、セットで作られる揚水発電を利用し、家庭に届いた電気を使った場合、その電気は19.6%しか使えない（**図48**）。それならば最初から家庭で灯油、ガスを使ったほうが効率がいい。家庭内の二酸化炭素の排出量を見てみると、半分を超えているのが冷房・

暖房・給湯の熱利用だ。それをさらに二酸化炭素の排出量と、二酸化炭素排出量あたりの熱量で見てみたのが（**図49**）だ。電気は二酸化炭素排出の大きな原因になっているのに、作り出す熱量はほんのわずかだ。そこにペレットや薪ストーブを利用するならもっといい。せっかく熱の中の一部を効率の高い「電気」に変えたのに、それを再び熱に使ってしまったのでは元の木阿弥になってしまう。ヒートポンプの効果で反論したい人もいるかもしれない。しかしそのことは第2章で紹介したとおり、ガスのヒートポンプの方に軍配が上がる。

図48 家庭はどうしたらいいのか？

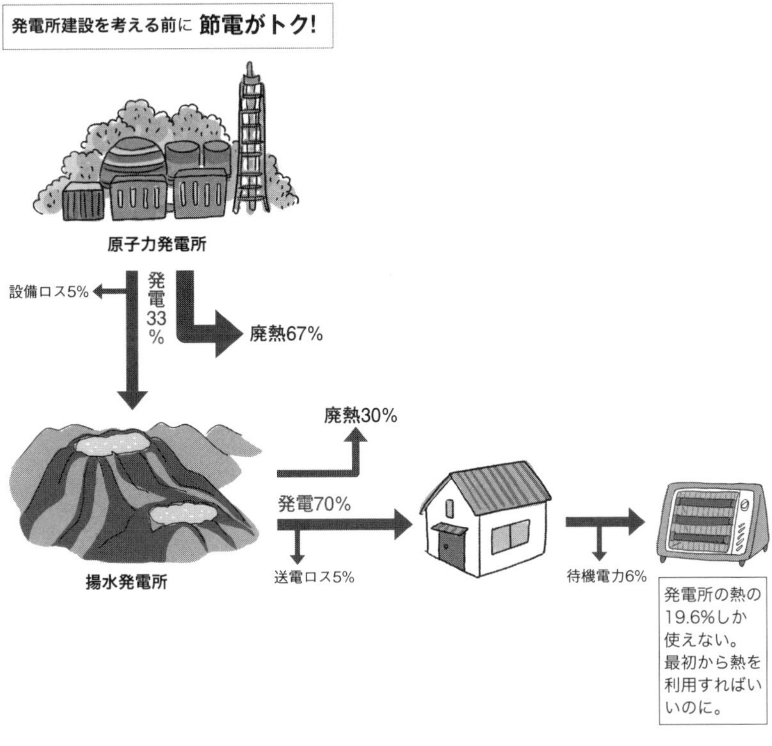

図49 熱はガス・灯油で

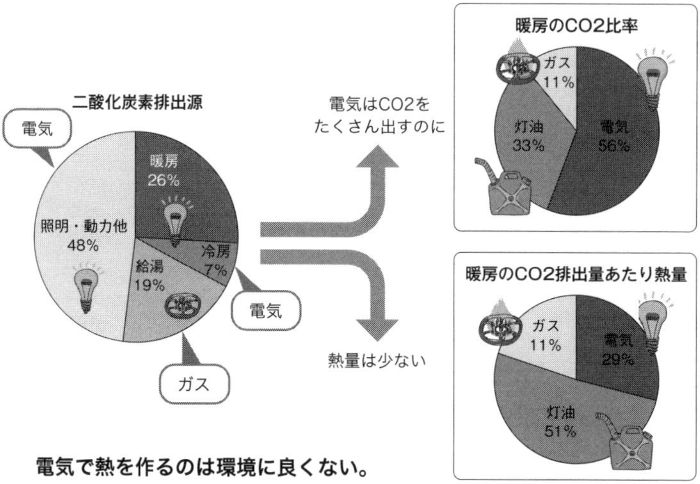

オール電化は助成金をつけてでもガスとの併用に戻すのがいい。深夜電力の値段が高くなっているのですでに経済的なインセンティブもないので、希望者には戻すための助成金をつけてもいい。ただしプロパンに変える場合には、無料で変更できることもある。プロパンも自由化されたので、都市ガスと比べて必ずしも高いわけではない。老人世帯でＩＨの電気調理器しか使わせられないとき以外は、ガスとの併用に戻すのがいい。

事業者に節電してもらうには

節電すべき部分の焦点は、「電気は貯められない」という原理のせいで、最大消費ピークになる。この電力ピークの９割を消費する事業者に、どうしたら節電してもらえるかが重要だ。すでに述べたとおりオフィスなどの節電はまだまだ可能だが、省エネが進んでいる生産工場は難しいとも言われる。しかしそれでも省エネできる余地があるし、自然エネルギー導入の余地があるし、未利用エネルギー利用も可能だ。その能力を活用してもらうにはどうしたらいいだろうか。個別の機器の話ではなく、省エネ・節電したい気持ちになるインセンティブが重要だ。そのインセンティブについての話をしよう。

電力会社の設定する電気料金は、家庭の場合には三段階の料金を設定している（**図 50**）。別にアンペアによって決まる基本料があり（関西電力など一部の電力会社にはアンペア契約はない）、そこから電気消費量が少ない内は単価が安く、中程度になると単価が上がり、さらに多くなるとさらに高くなる仕組みにしている。その結果、電気の単価は（**図 51**）のようになる。途中までは使用量に応じて安くなるが、300kWh/ 月消費を底にして、そこからは単価が高くなるように設定されている。単身世帯を除く一般世帯はほぼ 30A ～ 40A で 350kWh/ 月程度の電気を消費しているので、消費を増やすと単価が高くなるので家計に響く。その結果、家庭は電気の消費を抑制することになる。「使えば使うほど高くなる」仕組みになっているためだ。

図50 三段階電気料金制（東京電力の例）

※従量電灯 B・C の場合
（数字は 1kWh あたりの電力量料金単価）

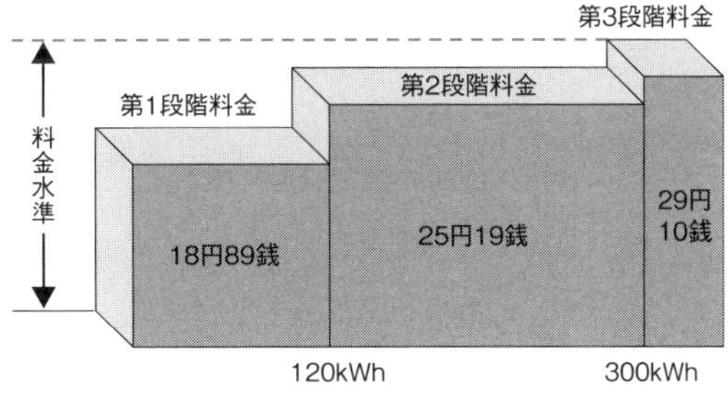

東京電力HP 電気料金・各種お手続き
http://www.tepco.co.jp/e-rates/individual/data/chargelist/chargelist01-j.htmlより

図51 電気消費量と電気料金単価

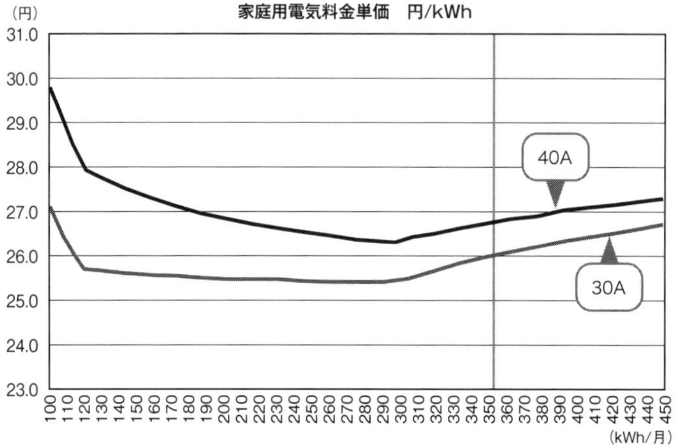

東京電力HP 電気料金・各種お手続き
http://www.tepco.co.jp/e-rates/individual/data/chargelist/chargelist01-j.htmlより作成

ところが事業者にはこのような「段階式電気料金」の仕組みがない。なおかつ事業者の電気料金の基本料金は高いので、一ヶ月の中で電気を消費すればするほど単価は安くなっていく仕組みになっている。この「使えば使うほど高くなる」のと、「使えば使うほど安くなる」ことの違いが大きいのだ。もし事業者が製品一個あたりの電気料金負担を安くしたかったらどうしたらいいだろうか。答えは「消費の多い月にもっと生産すれば良い」ということになる。ただし、事業者の電気の基本料金は、事業所の最大消費量に応じて決まるので、最大の100%を超えてはいけない。すると消費の多い月は、99%の電気消費をずっと続けることになる。これが事業者に、電気消費を節電させないようにしている。

インセンティブはその逆に設定すればよい。事業者の電気料金を節電すればするほど得になるように、逆に言えば増やせば高くなるように家庭と同じ「段階式電気料金」を導入すれば良いのだ。昨年までの消費電力量を実績にして、そこから減らせば安くなり、増やせば高くなる電気料金を導入するだけで節電が進むことになる。

実際、私のところに相談に来た大企業の工場担当者は、節電の提案を工場に対してしてみた。しかしその提案は断られてしまった。理由はコストをかけて節電しても、電気料金はほとんど安くならないためだった。今の電気料金の仕組みは、消費を増やすようにインセンティブを与える形になっている。これを変えてみればわかる。省エネが進んでいて「乾いた雑巾」と言っている事業者が、どれほどシェイプアップできるかが。

ピーク時消費の節電をさせるには

電気料金の仕組みの中には、わずかながらピーク時に電気を消費した者に料金を負担させる仕組みがすでにある。これが「2：1：1法」と呼ばれるものだ。家庭とか事業者とか、それぞれの負担割合を出すときに、以下の比率ごとに負担させる方法だ。

❶ 各需要種別の最大電力（kW）の百分率に「2」のウェイト。
❷ 夏期及び冬期の尖頭時における各需要種別の需要電力の百分率に「1（夏期：0.5、冬期：0.5）」のウェイト。
❸ 各需要種別の電力量（kWh）の百分率に「1」のウェイト。

通常、一個ずつ買うよりダースで箱ごと買ったほうが単価は安くなる。同じ理屈で事業者の電気料金は家庭よりずっと安かった。戦後から1970年まで、家庭の方が事業者の払う電気料金より2.5倍以上高かった（**図52**）。ところがグラフにあるとおり、1975年から突然事業系の電気料金が高くなり、家庭用の1.5倍を割り込むほどまで近づいた。これが「2：1：1法」の効果だった。そしてこの頃から国内の事業者が電力会社を離れ、自家発電するようになっていったのだ。

図52 家庭の電気料金単価は事業者と比べてずっと高かった

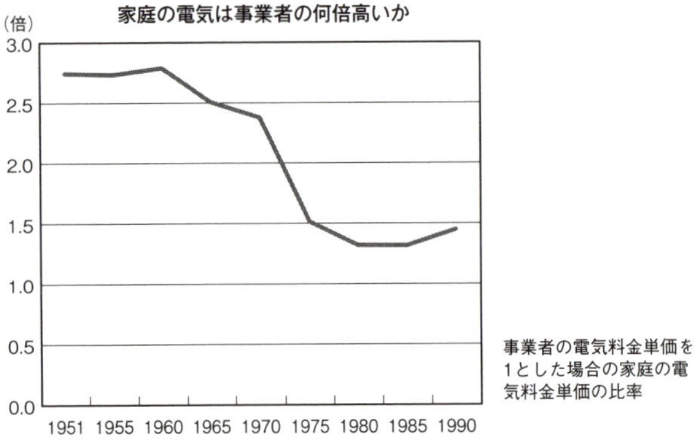

「電気事業便覧」1999年版より著者作成
※2000年の事業向け電力自由化後は非公開

しかしその後は第四章に書いたとおり事業者向けの電力自由化が行われ、その結果、費用は「50kW以下の事業者と家庭」へツケ回しされた。「家庭や小規模事業者の電気消費は全体の38%で、大口向けが62%を占めるのに、東京電力1537億円の利益のうち、91%が家庭や小規模事業者から得られていた(2012年5月23日 読売新聞)」。

この政策は失敗ではないかと思う。大口事業者にピーク費用を負担させようとしたのはいい。しかし気づかない形で負担させたのでは、ただの「値上げ」にしか感じない。しかも大口事業者全体での負担ではどうにも解決できない。そうではなく、時間帯ごとに電気料金が変わる仕組みとすべきだった。「午後1時から電気が高くなるから」と言われれば、「それなら昼休みをずらして」でも、「夕方から生産して」とでも対応できるのだ。

ダイナミックプライシング実験

ここに面白い実践例がある。北九州市の八幡東区で新日鉄、日本IBM、富士電機システムズなど61企業・団体が参加する「北九州スマートコミュニティ創造協議会」が行なったダイナミックプライシングの実験結果だ。2012年夏、ダイナミックプライシングでは、需給のひっ迫度に応じて5つの料金パターンを設定した。ピーク時（13時から17時）の電気料金を、通常料金15円/kWh（九州電力の電気より1割安い）から、レベル5の150円/kWhまでの5段階に分け、気温が30℃を超えると予想される日に、レベル2からレベル5のいずれかを適用する。適用する電気料金価格は、各需要家のスマートメーターを通じて「前日の15時頃」と「当日の朝」の二回通知した。その結果、7月5日（レベル2)、6日（レベル3)、11日（レベル4)、12日（レベル5）の4日間の平均で、料金を変動させたグループの方が変動させなかったグループより電気の使用量が16.1%少なかった。ダイナミックプライシングの節電効果が証明されている。また、料金変動を適用しないグループ（42世帯、「（電気の使用状況の）見える化」は行った）と、料金を変動させたグループ（74世帯）の電力使用量の差が12.1%あった。「見える化」だけでは効果が薄く、ダイナミックプライシングを行った方が節電効果が高かった。（現代ビジネス 9月11日 http://zasshi.news.yahoo.co.jp/article?a=20120911-00000001-gendaibiz-bus_all）

これは家庭だが、価格に敏感な事業者ではもっと大きく反応するだろう。仮に今回の家庭での実験結果を代入して約15%の節電が見込まれたとすると、猛暑だった2010年の東電の最大消費ピーク5999万キロワット時でも、5099万キロワット時まで下げられることになる。原発が一基も動いていない2012年の最大ピークでも5078万キロワット時（8月30日）だから、原発が一基もなくても困らないことになる。

こうした仕組みを含めて「デマンドレスポンス」と呼ぶ。電気料金価格やインセンティブの支払に応じて、需要家側が電力の使用を抑制するようにさせる仕組みだ。仕組みはさまざまだが、電力自由化がされているアメリカでは、実効性が高くないと実行する意味がないので効果的になされている。日本にも「選択約款」という需要調整契約があるが、電気消費全体に対する比率は2.3%に過ぎない。そして大飯原発再稼動が論議されたとき、電気の供給不足の際に経済産業大臣が契約電力が500キロワット以上の大口需要家を対象に発令する「電力使用制限令」は、最初から見送られていた。それに対してアメリカではデマンドレスポンスが、2009年時点で5800万キロワット時もある。100万キロワットの原発で計算して58基分だ。しかしアメリカの電気消費は異常に大きいので、電気消費ピークに対する比率は7.6%だ。（経済産業省　デマンドレスポンス（Demand Response）について　http://www.meti.go.jp/committee/sougouenergy/sougou/denryoku_system_kaikaku/002_s01_01_05.pdf）

ドイツや北欧などヨーロッパ諸国では、日本の発電所の稼働率（正しくは負荷率だが近いのでこのまま表現する）が60％程度しかないのと比べて、70％を超える稼働率を実現している。これもまたデマンドレスポンスの効果だ。

事業者が本当に「乾いた雑巾」であるかどうかは、事業者に判断させればいい。まず、電気料金を使う量に比例して高くなる仕組みに変え、特に問題になる電気消費のピークには実効性あるデマンドレスポンスを入れればいい。そうすれば日本の電気消費の四分の三を占める事業者の消費は、おそらく半分以下に下げられる。

ピークを下げるエアコン対策

全体として下げられるデマンドレスポンス以外に、消費ピーク時の個別の機器としてはエアコンの消費が大きい。ただし資エネ庁の発表した家庭のエアコンではないことは、すでに第4章で立証した。作為的なデータばかりで、正確なデータは残念ながら存在しないが、ピーク消費量の三割から半分近くが事業系エアコンの消費であることは間違いがないだろう。

そのエアコン消費について、アメリカでは別な送電線で結んで、電力会社側から5分間だけ消すような仕組みもある。ただし現在のエアコンは、電源から切られると壊れる可能性があるのでもっとソフトな仕組みがいい。それが「送風」に切り替える方法だ。エアコンからの空気が冷たくなくなったとしても、それが10分以内であれば室内温度も変わらないので気づきもしないからだ。よく昼休み一時間をずっと切ってしまう事業所も見かけるが、エアコンの電気消費の大きさはコンプレッサーの稼動なので、そうするとピークの発生する午後1時になってから最大電力を消費することになって、逆にピークを高めてしまうことになる。したがって、稼働時間全体の中で余分な消費を下げるのがいい。

これについて九州電力が実験した結果がある。なぜか発表されていないようだが、このようなものだ(**図53**)。上は家庭内のエアコンを3分消して12分オンにした場合、下は業務用エアコンを3分消して15分オンにした場合の結果だ。すでに第4章で説明したとおり、在宅する家庭は三分の一しかなく、家庭の消費ピークは夜6時から9時にあるためピーク消費に対する影響は大きくない。それに対し、業務用エアコンではエアコン消費の12%もカットできている。これが電気消費ピークの半分を占めると言われる九州電力のカットになるのだから、実際のピークの6%のカットにつながる。このようにして、エアコンを稼動したまま送風に切り替えるのがいい。そのことはすでにダイキンから、複数のエアコンの「エアコン・ローテーション」として提案されている(**図54**)。

図53 九州電力が実施したピーク節電実験結果

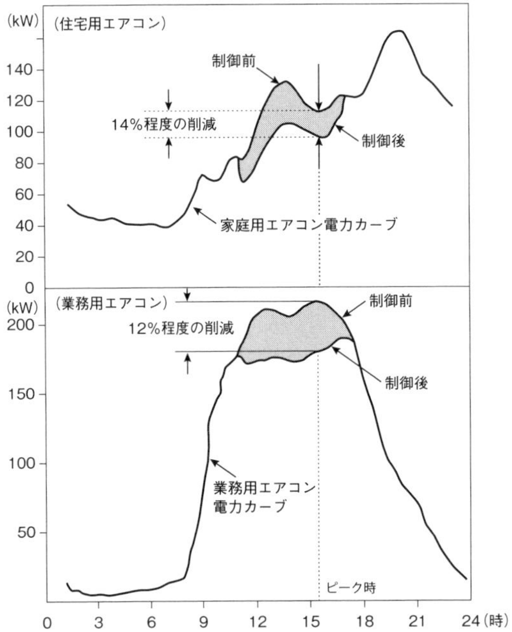
(kW)
(住宅用エアコン)
140
120
100
80
60
40
20
0
制御前
14%程度の削減
制御後
家庭用エアコン電力カーブ
(kW)
(業務用エアコン)
200
150
100
50
12%程度の削減
制御前
制御後
業務用エアコン
電力カーブ
ピーク時
0
3
6
9
12
15
18
21
24(時)

●負荷集中制御システム実証試験（1986-1992）

（上）家庭3分OFF、12分ONで14%

（下）業務用3分OFF、15分ONで12%

出典：「九州電力内部資料（非公開）」より引用

図54 ダイキンのエアコン・ローテーション

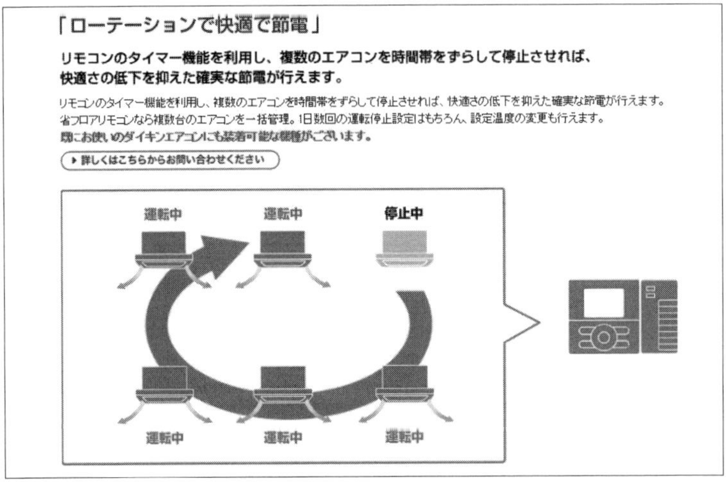
「ローテーションで快適で節電」
リモコンのタイマー機能を利用し、複数のエアコンを時間帯をずらして停止させれば、
快適さの低下を抑えた確実な節電が行えます。
リモコンのタイマー機能を利用し、複数のエアコンを時間帯をずらして停止させれば、快適さの低下を抑えた確実な節電が行えます。
省フロアリモコンなら複数台のエアコンを一括管理。1日数回の運転停止設定はもちろん、設定温度の変更も行えます。
既にお使いのダイキンエアコンにも装着可能な機種がございます。
▶詳しくはこちらからお問い合わせください
運転中
運転中
停止中
運転中
運転中
運転中

http://www.daikin.co.jp/setsuden/gyoumu/summer/remocon.html#rotatiom

しかしすでに第4章で述べたように、ガスヒートポンプエアコンの方が電気消費量も少なく、ランニングコストも優れているのでそちらを利用するのがいい。

エアコン対策より
効果の大きい断熱策

「発電より省エネが先」と言ってきたが、それはエアコンのような熱利用の場合にも同じだ。特にオフィスでは冬場の暖房もエアコンが使われることが多いので、特に有効になる。第2章で紹介した窓の断熱内窓は効果が大きい上、快適だ。新築の場合、「次世代省エネ基準」によって高断熱が推奨されている。ただし「高断熱」は重要だが、「高気密」については疑問だ。ビニール素材で気密性を高めることは、ビニールハウスに住むのと同様になるためだ。住宅は適度に通気することが必要だし、高気密にして有害物質を使ったために「24時間換気」が必要になるというのは本末転倒だと思う。既築の住宅には窓の断熱が重要なので、断熱内窓をしないとしても断熱素材である「プチプチ」を窓に貼るなどの処置をしてほしいと思う。

逆に夏場は窓の外側で日照を遮ることが重要で、しかも霧吹きの蒸散熱で涼しくすると効果的だから、「緑のカーテン」をするのが望ましい。西側の窓だけでいいので実行してほしい。その際に横長の植栽ポットを窓に直角に置いて植えると、文字通りカーテンのように植物を植えたまま開け閉めできる。

電気は熱から作った大切なエネルギーなので、照明や動力に、効率良く使うことが重要だ。「明るすぎる照明」は下げ、「反射板のない照明器具」は反射板を入れるか、LEDに変えるのがいい。蛍光灯やＬＥＤには電磁波ノイズの問題のあるものがあったが、今はEMC対策として改善されつつある。装置をきちんと調べて選択してほしい。

「暖房便座」も日本にしか存在しないが、歌手のマドンナが来日して感激していたぐらい快適だ。しかし電気を消費しすぎるものがある。この機能は、「ウォシュレット」と「便座の暖房」に分かれる。まず便座の暖房は、熱伝導率の低いキリやスギなどの素材で変えられないものかと思う。プラスチックの便座は熱伝導性が高いためにひやっと冷たく感じるのだ。その部分の電気消費が大きい。次にウォシュレットについては、貯湯式と瞬間式があって、瞬間式のほうがはるかに省エネになっている。

一般に使われている家電製品は、その省エネ性能の高さを利用すれば10年前の電気消費量に比べて半分程度の電気消費で同じ快適さが得られる。私は家庭に「努力忍耐」は求めないが、ひとつだけしてほしいことがある。もし家電製品を買い換えることになったら、もっと省エネになっている製品を選んでほしいのだ。

新たな電源を生み出すのが「発電所」なら、従来の電気消費を減らすのが「節電所」だ。発電をするよりもずっと安く実現することができる。

第6章

電力問題の解決策2
電気を作り出す

節電してから発電を考える

たとえば太陽光発電の導入を検討していたとしよう。何キロワット設置するかは本来自宅の電気消費量で考えることになる。現在のFIT（電気の固定価格買取制度）では余らせて買い取らせることを考えるだろうが、今の高価格は長く続けられるものではない。するとおカネを出して設置しなければならない容量は、消費量に従うことになる。消費量の多い世帯では4キロワット以上の設置が必要になるが、節電している世帯では2キロワットで足りる。すると現時点の価格で百万円以上の差がつくことになる。自然エネルギーを導入することより、節電するほうがはるかに得になるのだ。

これを社会全体の問題として、第1章で述べた国家戦略室の「エネルギー・環境に関する選択肢」で考えてみたとしよう。方法は難しくない。まずは第5章で述べたような電気料金の仕組みやデマンドレスポンスを入れていく。すると電気消費量はおそらく、従来の半分程度には下がるはずだ。今ですら節電されている。2010年と比べて2011年はピーク消費が22.5%下がり、2012年はマンネリ化したようでも15%下がっている。しかもこの傾向は全国的なもので、まだ節電器具にほとんど買い換えていない段階で、これだけ下がっている。私は電気料金やデマンドレスポンスを行えば、最大電力消費を2010年の半分程度に下げることは難しくないと思う。

前にも述べたとおり、この「エネルギー・環境に関する選択肢」は最大電気消費時に予備を足した時点の電源構成になっている。最大消費が減れば、当然全体が下がる。すると（**図55**）のようなプランを描くことができる。現状の電源構成は同じだが、対策はまず今の電気消費量を下げさせることになる。半分に下がるのだから、当然原発は不要になる。その上で2030年までにじっくりと自然エネルギーを伸ばしていけばいいことになる。

図55 最大の発電所は「節電」所！

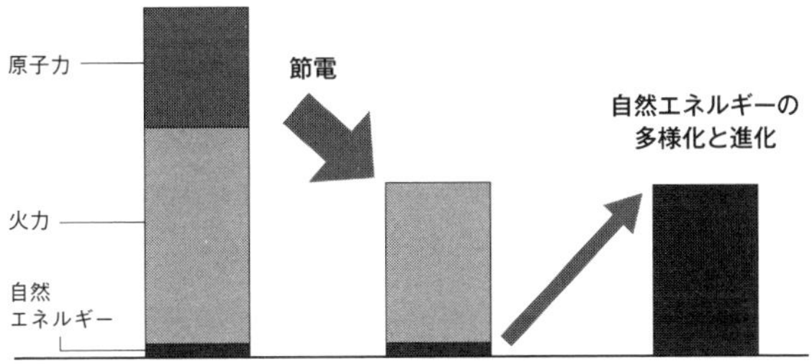

自然エネルギーの前に未利用エネルギーの活用を

これまでは自然エネルギーに移行すればよいと考えてきたが、最近別な発想に思い至った。それが未利用エネルギーの活用だ。ヒントとなったのは地熱発電を考えていたときだ。アイスランドなどで地熱発電を見てきたが、少し日本と発想が違う点がある。人口密度が低いこともあるが、それ以前に彼らには「温泉に入る」という習慣がない。「ブルーラグーン」という温泉施設が地熱発電所の余熱を利用して作られているが、その温泉に入ってみるととても温度が低い（**図56**）。入ると二度と上がれなくなる。寒くて温泉の外に出られないのだ。しかし彼らの発想ではこれは日本で考える温泉ではなく、温泉プールなのだ。温度の高いプールであって、体を温める場所ではない。だから彼らは地熱発電で使った後の温水をさらに地域の冷暖房に使い、そこから戻ってきた水で温泉にしているのだ。

ところが日本では温泉入浴が活発だ。地熱発電で用いるのはマグマに近い熱で200℃以上の熱を発電に利用している。しかし日本では各地で温泉に利用しているので、温泉の熱源や温泉水が少しでも減ったら大変なことになる。アイスランドの地熱発電機は日本製のものが多く、世界全体でも日本の地熱発電機が70%のシェアを持っている（**図57**　カタカナでオクトパスと書いてある）。アイスランドではよく「同じ島国で、同じ火山国で、これだけの技術があるのだからさぞかし日本には地熱発電があるのだろう」と言われるが、日本の地熱発電の発電量は発電量全体の0.2%しかない。この比率は25年以上変わっていないから、どれほど長く無視されてきたのだろうか。もし日本が地熱発電を精一杯利用した場合、日本の電気消費量全体の12%程度生み出せると計算されている。(環境省「平成22年度再生可能エネルギー導入ポテンシャル調査報告書」より)

図56 アイスランドの地熱発電所と温泉、「ブルーラグーン」

図57 同発電機、カタカタで書いてある日本製

しかしもし目一杯利用した場合、温泉に影響が出ないとは言えないだろう。日本人は温泉利用をどこでも楽しむから、それとバッティングする利用の仕方は良いとは言えない。そう思って調べていたら、神戸製鋼が、バイナリー発電装置、別名温泉発電装置を開発していた(**図58**)。これは70℃以上の温度で発電する。もちろん効率が高いのは100℃に近い温度だが、これ

なら従来の温泉でも利用できる。温泉の中には温泉の温度が高すぎる場所もたくさんある。そこでは水を足したりすることで温度を下げて使っている。しかしその高すぎる温度を発電に利用して、残った温度のお湯を温泉利用するなら温泉地にとって一石二鳥になる。現に九州の湯布院、島原などに採用が決まっている。この仕組みは通常の火力と同じようにタービンを回転させて発電するが、ただし気化させるのが水ではなく、気化温度が低い代替フロンやアンモニアを使っている。そのおかげで低い温度でも発電できるのだ。このようにして日本の高すぎる温泉熱を発電に利用した場合、地熱発電を合わせて日本の電気消費の25%をまかなえると試算されている。ただし、実現する可能性は、その半分程度になりそうだ。

図58 神戸製鋼製のバイナリー発電機

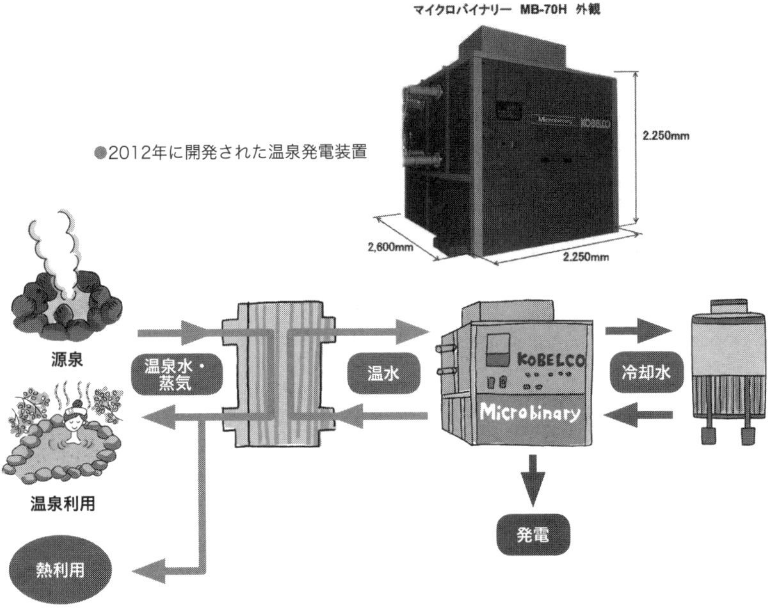

この仕組みが使えるのは温泉だけではない。これを用いれば、ずっと温度の低い熱源からも発電できる。たとえば木材を乾燥させる施設でも沸騰するほどの温水を用いる。それを冷まして利用するのだとしたら、その間に発電することもできる。事業者で使われたエネルギーの約70%は、100～300℃の低温廃熱として捨てられている。この熱も使える。一般家庭から見たら100℃は高熱に思えるが、エネルギー利用の場では低温廃熱なのだ。これをロータリーエンジン技術を利用して効率良く発電しようとする企業もある。株式会社ダ・ビンチでは、ロータリー熱エンジンとして設置面積の小さなものを開発している。また「吸着式、吸収式冷凍機」も存在する。低い熱を利用して冷熱を作り出す装置だ。中部電力では、60℃以下の低温廃熱を有効利用できる冷凍機を開発したとしている。

まずは従来捨てられていた100～300℃の低温廃熱の利用を考えてはどうか。従来、コジェネとして廃熱をお湯として利用する方法が開発されて広げられたが、残念ながらその後は大きな広がりにつながっていない。寒い地域であればお湯の需要も大きいが、夏場は亜熱帯のようになる日本の気候では利用が難しい。家庭の需要を計算してみたことがあるが、家庭が必要としているエネルギーはお湯1に対して電気が3になっているのに、ゴジェネは逆にお湯を3作り出して電気は1になってしまうのだ。このミスマッチが問題だったのだ。だからその低温排熱から必要とされる電気や冷熱を作り出すことができるなら、問題解決につながっていく。新たな自然エネルギーより先に未利用エネルギーの効率利用を考えたほうがいいだろう。

自然エネルギーの利用

自然エネルギーの利用は、すでにあちこちでたくさんの紹介がされているので、ここでは簡潔な解説にとどめたい。

風力発電

風速の三乗倍、直径の二乗倍発電する。風は地表面の摩擦によって弱くなるので、高いところに巨大な風車を立てるのが効率が良くなる。しかしそれは風景を一変させてしまうし、低周波騒音や羽根のチラつき、鳥がぶつかるバードストライクなどの問題がある。

また日本には台風の問題と、日本海側に冬のカミナリの問題がある。台風の強さは半端ではないので、やり過ごすか、羽根をしまうかしなければならない。また、洋上から電気を陸地に運ぶには海底ケーブルが必要になり、そのコストをどうするかも課題だ。

風車は巨大に建てたほうが発電量が大きくなるので、地域の利益と衝突することも少なくない。そこでドイツやデンマークでは、地域に住む人にしか建てられない規制をしたりしている。その結果、イギリスや日本のように反対運動にぶつかる事態は少なくなっている。日本も地域の人たちのイニシアチブでしか建設できないようにすべきだと思う。

風車の持つ欠点を補う意味からも、海の上に建てられることも多くなった。デンマークではもはや主力は洋上発電で、平らな海水面では摩擦が少ないため風が強く、その分だけ発電量が大きくなるためだ。日本も陸地の広さの約12倍もの海の面積があって風も強いが、ヨーロッパのように海が遠浅ではない。オランダでは浅瀬に刺すように風車を立てているが、日本では急に深くなるために困難だった。

しかし九州大学のグループが作った洋上風車は、カーボンファイバーという軽い素材を使い、中空にしたコンクリートを用いるので海に浮く(**図59**)。これなら深いところに使うことができ、さらに100m以上の深さがあれば津波の影響を受けない。2011年12月から博多湾で実証実験が進められている。そこで使われたのが「風レンズ風車」と呼ばれる外側に枠のついた風車だ(**図60**)。この風車の後ろ側に向かって広がる形のブレードよって、風車に風が1.4倍集まる。その結果風速の三乗倍発電するので2.74倍の発電量になる。しかも風切り音をブレードが壊すので、低周波騒音は出ないし音もきわめて小さい。鳥はブレードの上にとまることはあるが、風車の羽根に入ろうとはしない。もしより心配であればブレードに網をつけることもできる。

図59 九州大学グループの洋上風車プラン

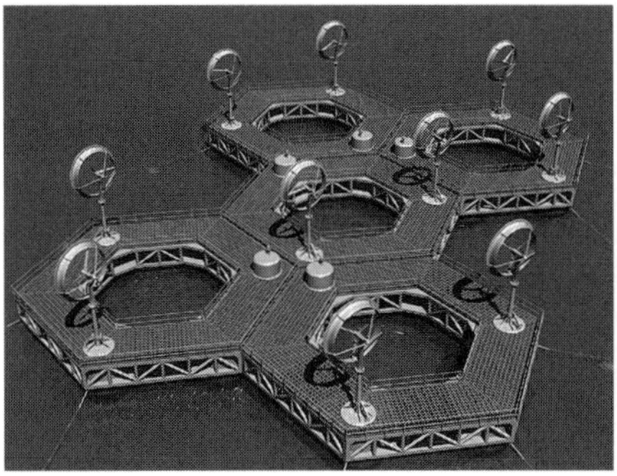

図60 風レンズ風車

●このレンズのおかげで発電量は2-3倍。
●しかも低周波騒音はなくなり、鳥がぶつかる可能性も低くなる。
http://business.nikkeibp.co.jp/article/topics/20120214/227196/?P=1&ST=rebuild

これは本当に優れた発明だと思う。（九州大学応用力学研究所　新エネルギー力学部門　風工学分野　大屋裕二　http://www.riam.kyushu-u.ac.jp/windeng/aboutus_detail04.html）

海を使った発電

海に浮かぶ発電装置は、もっと大きな可能性も提供する。国土面積の約12倍ある面積に、風車を設置するだけでも日本の電気消費をまかなって余りあるが、海にはその他に潮流発電も可能だ。潮流に対して「水車」を応用するなら、世界で最も強いレベルの黒潮という海流を利用することもできる。また、波力発電もあり得るし、海の深さのせいで上下に大きな温度差があるので温度差発電も可能だ。もし上げ潮のときに湾を閉鎖し、引き潮の時に流したならば潮位差発電も可能だ。

「自然エネルギーで電気が足りるのか」という論議がよくされるが、どう考えても電気はあり余るほど作ることができてしまう。そうではなくて、「どこにどの程度ずつ配分して発電させるか」と考える必要があると思う。波力発電では、波の揺れを回転に変えるジャイロ技術もできている。海流発電では、イルカのような流線型の発電機も開発されている。

ただし日本には台風という厄介な問題がある。台風のときには波もきわめて高くなり、破壊力がきわめて強い。台風が来にくい海域を利用すればいいが、そうでなければさらなる開発が必要だ。

水力発電

ダムなどの巨大な水力発電は、自然エネルギーの中には含まないのが世界的なルールだ。ところが日本ではこれを含んで言われることもある。しかし小規模な水力でなければ環境に対する悪影響が大きすぎる。小規模水力発電以外は再生可能エネルギーではない。

この点でも日本は標高差が大きく、雨が多いので水力発電の適地が多い。山梨県都留市には小規模水力発電機がいろいろ導入されている。

図 61 は岐阜県の市民たちが設置した小規模な水力発電だ。鉄板がらせん状に入れてあり、水の力で回転しながら発電する。この発電機の素晴らしい点は、ゴミがほとんど引っかからない点だ。小規模水力では引っかかるゴミをどう取り除くかが最大のネックになる。このようなシンプルな造りが望ましい。

水は空気の 840 倍の密度があるので、風車の 840 分の 1 サイズでも発電量は同じになる。

図61 小規模水力発電装置

●これが小規模な水力発電。　http://www.kyoto.zaq.ne.jp/rosso82/energy/micro/micro.html#15
●どこにでも設置できる。

太陽光発電

太陽光発電は光が差すなら全国どこでも発電できる点が便利だ。現状は昨年からの価格の急激な低下にＦＩＴの買取価格が追いつかず、かえって買取価格が高すぎる懸念がある。電力会社はその分を一銭も負担せず、電気料金に転嫁できるので、つけられない条件の人が逆に負担させられる仕組みになってしまっている。

太陽光発電は後で述べる太陽温水器と比べると、ずっと効率が良くない。太陽温水器の需要が伸びたほうが全体のエネルギー収支から考えると効果的なのに、買取制度によって優先されてしまうのは良くない。

太陽光発電には大きな特徴がある。それはスケールメリットがないことだ。たとえば火力発電では、設備を大きくしたほうが効率が良くなるが、太陽光発電では大きくしたとしても効率は変わらない。にもかかわらずメガワットと呼ばれるような大面積の太陽光発電が進められるのは、送電線が高圧になればなるほど送電ロスが少なくなるため、大電圧で流そうとするためだ。さらに大きな設備のほうが買取価格が高くなっているためだ。

電力会社の設備では、送電線の負担が大きいので、太陽光発電はオンサイトで消費地につけられて使われることが望ましい。エネルギーの自給をする「自立型」に進むべきだ。

太陽光発電を送電線につなげて利用する場合、設置者が増えてくると、電気が需要家側から逆に送電線に流れる逆潮流の問題が起こってくる。「同一バンク問題」と呼ばれる変電器から先に複数の太陽光発電が設置されるせいで、流すことができなくなる問題もあり得る。太陽光発電は電気を独立させるための「オプグリッド」のツールとして使うべきではないかと思う。

そう考えると、日本の家庭の電気消費が少ないことが役立つことになる。「電気料金を倍にする」というような脅しがされた場合、家庭は電気を自立させて逃れる方法が成り立つようになる。節電した上で太陽光発電を乗せれば、わずか2キロワットでも自給可能になるからだ。自給していくためにはバッテリーや電気の整流器が必要になるが、神戸の慧《けい》通信技術工業株式会社の作っている「パーソナルエナジー」はそれを見事にこなす（**図62**）。日産の「リーフ」という電気自動車はバッテリーを増強した上で家庭の太陽光発電ともつなげる「LEAF To Home」を開発した。それは自宅で発電した電気をバッテリー代わりにリーフにつなぎ、電気が必要になったらリーフのバッテリーから電気を供給する仕組みだ(**図63**)。この24kWaバッテリーだけで、私の事務所兼自宅なら一週間分の電気がまかなえる。

図62 独立電源システム「パーソナルエナジー」

http://www.ieee802.co.jp/PDF/personalenergy/PersonalEnergyBMS576.pdf

図63 日産リーフが提案している未来

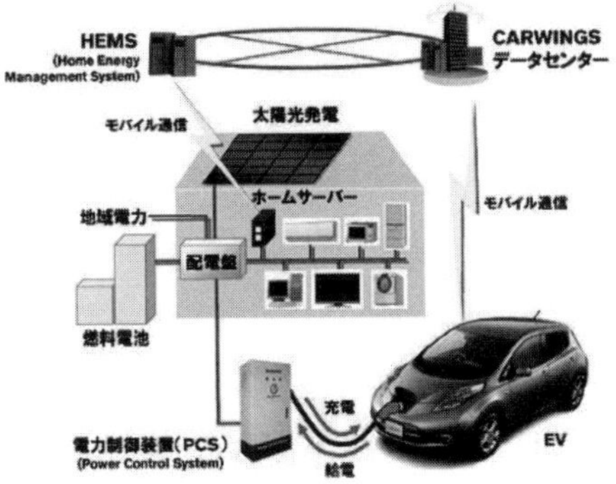

日産リーフに搭載している駆動用のリチウムイオンバッテリーから一般住宅へ電力供給するシステム「LEAF to Home」。電力制御装置(PCS:Power Control System)によって、リーフに電力を供給するとともに、リーフに貯めた電力を家庭内で使うことができる。

出典:「ニッサンHP　ニュースリリース」より引用
http://www.nissan-global.com/JP/NEWS/2011/_STORY/111004-01-j.html

電気自動車は圧倒的に燃費が高い。**図64**はノルウェーのムンク美術館に停まっていた電気自動車の写真だ。駐車中の電気自動車の充電はすべて無料で、街中に走る電気自動車の比率は増えている。走らせるための電気が、原発などの効率の低い発電ではかえって無駄になるので、太陽光発電と組み合わせて使う必要がある。リーフで1キロ走って2.5円程度だから、これまでの自動車のガソリン代よりずっと安い。しかも太陽光発電からの電気なら、化石エネルギーを消費して温暖化につながる心配もない。**図65**で見るように、ガソリン自動車の走行にまわるエネルギー量は、もとのガソリンのエネルギー量の10％強しかない。爆発力を利用するものの、熱は廃熱にされてしまうためだ。一方の電気自動車であれば、倍ほど効率的に走行エネルギーに利用することができる。しかしそれほど大きな違いになっていない。その理由は、エネルギーをロスしているからだ。ガソリン車ではエンジンで走らせる部分にロスが大きく、電気自動車では発電段階のロスが大きすぎるのだ。だから電気自動車を走らせるのに、化石燃料を使った従来の発電方法のままでは改善されない。電気自動車は、自然エネルギーからの電気とセットでなければならないのだ。

自然エネルギーであれば発電時のロスも、二酸化炭素の排出量からはほとんど無視できるほどになる。その結果、ほぼゼロの二酸化炭素排出量で走らせることができるようになるのだ。しかも電気料金はかからない。クルマは自宅の電気で走らせる時代に近づいている。そうすると間もなく、「電気代+ガソリン代」と「太陽光発電+電気自動車のコスト」と比較して選択する時代になる。そうした独立した電源のための装置として、太陽光発電が利用されるのがいい。

図64 無料の電気自動車向け充電スタンド

● ちなみに日本もすべて無料になっている

図65 車を走らせるまでの効率劣化

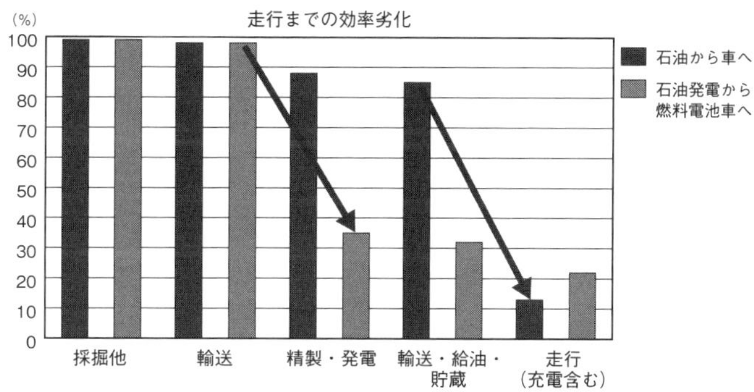

● ガソリン車は走行の燃費が悪すぎる。● 電気自動車は発電の効率が悪すぎる。

※http://www.nissan.co.jp/INFO/AUTO_TRANS/AUTO_TRANS98/PDF_J/p10-11.pdf
日産の調査研究2「クリーンエネルギー車のエネルギーフローに沿った現在及び将来の効率」武石哲夫・小林紀p10より作成

これまでなぜ自然エネルギーが伸びなかったのか

こうして考えてみると、自然エネルギーがこれまで伸びなかったことのほうが不思議だ。日本は技術的には世界一、しかも条件に恵まれている。その理由は電力会社が送電線を独占してきたことに帰せられるだろう。先進国で送電線を電力会社が独占している国は日本以外には見当たらない。送電線はクルマにとっての道路と同じだから、それを独占されてしまっては公平な競争が妨げられる。電力会社の持つ発電所と送電線、それらを分離させるのが「発送電の分離」だ（**図66**）。これがなされなかったために、発達が遅れたのだ。日本の電力会社は恣意的に自分の子会社からの電気や、関連企業からの電気だけを高く買い取ってきた。一方で自然エネルギーからの電気は買わず、特に市民が作った電気は買わないか、著しく低価格で引き取ってきた。自治体のゴミの焼却場で発電した電気もまた、著しく安い値段で買い取ってきた。しかもゴミの中には生ゴミや紙ゴミなどが含まれるので、その分を「バイオマス（生物由来の燃料）」として扱い、電力会社に課せられていた自然エネルギーの比率の義務のほとんどを、このゴミからの電気でカウントしてきた。このままでは、どう頑張っても環境に良い状態にはならないのがこれまでの日本の状態だった。

しかし3.11以降に時代は変わった。電力会社のしてきた仕組みや運用のずるさやイカサマが次々と暴露され、不都合なデータが出されるようになった。ここで変えられなければ社会をいい方向に進ませることはできないというのが、これまで壁にぶつかって動けなかった人たちの思いだ。

それでもまだ自然エネルギーに否定的な人たちは多い。たとえば「電気の需要は大きく波打つのに、自然エネルギーはお日さま任せ、風任せで安定しない」というようなものだ。しかし安心してもらいたい。需要に合わせられる方法もあるからだ。

これまでは原子力と流れ込み式の水力、そして石炭火力発電をベースとして発電してきた。それらは需要に合わせて弱火にすることが難しく、「硬直型」の電源だったからだ。太陽光や小規模水力、風力発電などは同じく硬直型の発電方法だ。電力会社が自然エネルギーを望まなかったのは、原発などの電気とバッティングするからだった。一方、これまで柔軟に需要に合わせるためには、石油火力、特に天然ガス火力を使って発電してきた。これらは「柔軟型」の発電方法だからだ。

しかし生ゴミを空気に触れないところで微生物に分解させるとメタンガスが発生する。これは別名「都市ガス」だ。同じものなのだ。さらに木材などを燃やすバイオマス発電も使える。これも同じ火力発電なのだから、柔軟型の発電として用いることができる。さらに日本は世界一優れたバッテリーを開発済みだ。電気需要の大きな上下は柔軟型のバイオマス、バイオガス、バッテリーを使っていくのがいい（**図67**）。

図66 発送電を分離する

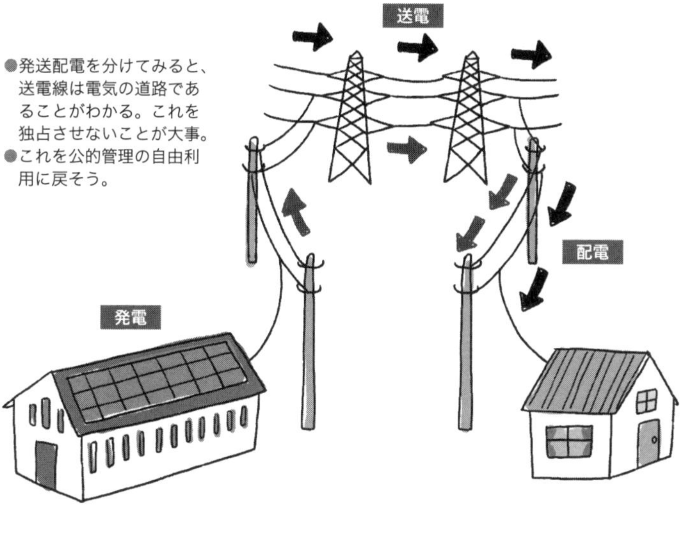
送電
●発送配電を分けてみると、送電線は電気の道路であることがわかる。これを独占させないことが大事。
●これを公的管理の自由利用に戻そう。
配電
発電

図67 自然エネルギーだけでは無理、は正しくない

需要の変化に対応した電源の組み合わせ
（ベストミックス）

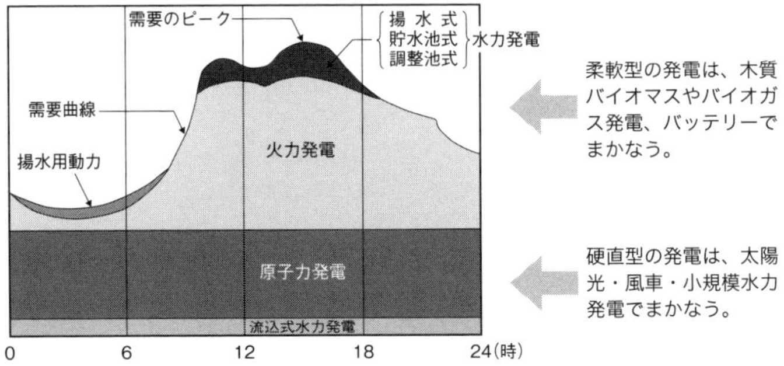

出典：資源エネルギー庁「原子力2002」

●発電には弱火にできる火力のような柔軟型のものと、弱火にできない原発のような硬直型のものがある。
●それに見合う自然エネルギーに代えていけばいい。

自然エネルギーを利用した社会を考えると、それは全国を一律に上から下に支配する構造ではなく、下から上に地域ごとに作られる形の方が合っていることに気づく。そう、これは戦前の電力会社が各地域ごとに乱立していた状況に似てくる。私は再度、各地域に規制下で自由競争する小さな電気事業者を置いて、地域の人々が主体的に管理する状態に戻るのが望ましいと感じる。自然エネルギーは常に、その地域の特性に応じて考えられ、選ばれる必要がある。「これさえあれば何でもできる」というようなものは存在しない。地域から生み出し、地域が使い、地域の人たちが決めていく、それが自然エネルギー型の民主主義社会なのだ。

第7章

新たな時代の胎動

私たちにとっては、脱原発の第一歩目になるはずだった国家戦略室の「革新的エネルギー・環境戦略」すら閣議決定されなかったことは、原発の安全神話復活の悪夢の始まりに思えた。何度も言うが、このプランは良くない。しかしそれでも「2030年代には原発ゼロ」という目標は、これまであり得なかったことなのだ。だから私たちの得た成果のひとつとして、戻れない足場の一歩目として杭を打ちたかった。

一方で政府側には別の動きもある。経産省の「電力システム改革専門委員会」は2012年7月、「電力システム改革の基本方針－国民に開かれた電力システムを目指して－」という中間報告書を発表している。(http://www.meti.go.jp/committee/sougouenergy/sougou/denryoku_system_kaikaku/pdf/report_001_00.pdf) これが今後の方針になると考えられている。その内容を見ると、これまで家庭だけは規制された市場として自由化されていなかったが、今後は自由化される。電力会社の発送電分離を予定し、総括原価方式は廃止するという画期的な内容だ。十分な準備期間をとされつつも、2015年には実現を予定している（**図68**）。

図68 **動き始めた電力自由化、発送電の分離、総括原価方式の見直し**

朝日新聞

家庭向け電力 自由化へ

14年以降 経産省方針

経済産業省は2014年以降に家庭向けも含めた電力販売すべてを自由化し、新しい会社が参入するのを認める方針を固めた。10電力会社が地域ごとに電力販売を独占している仕組みをやめ、家庭が電力会社を選んで契約できるようにする。電気料金もできるだけ電力会社が競争して決めるように見直す。

経産省の電力システム改革専門委員会（委員長＝伊藤元重・東大教授）が18日、電力自由化を話し合い、家庭向け電力販売にも自由に参入できるようにすることでほぼ一致した。自由化により料金やサービスの競争を進めるねらいだ。

これを受け、経産省は「委員会の考えに沿って対応していきたい」（幹部）として、今夏をめどに具体策をまとめることにした。来年の通常国会にも電気事業法改正案を提出する。混乱をなくすため、自由化までに2〜3年の準備期間を設けることも考える。

家庭や小規模な店舗など向けの電力（50キロワット未満）は、全国10電力会社が地域ごとに独占して販売している。自由化していろいろな会社が入ってくると、電気料金が安い会社を選んだり、原発を持たない会社を選んだりできる。太陽光や風力などの「新電力」を販売する会社からも買えるようになり、自然エネルギーが広がる可能性もある。

また、家庭向け電気料金は電力会社が発電にかかる費用を積み上げ、さらに一定のもうけを上乗せする「総括原価方式」で決まり、政府が認可している。この方式は電力会社が経営努力を怠りがちになるため、経産省は自由化に合わせてやめる方向だ。専門委員会では、料金の規制を残すべきだとの意見もあった。

自由化すると、離島や過疎地など電気を送るのに費用がかかる地域の電気料金は、高くなりがちだ。電力会社が燃料費の高騰などの理由をつけて料金を大きく上げるおそれもある。電力会社がつぶれる場合もあり、電力の安定供給をどう確保するかの問題もある。

電力自由化は00年から大手企業など向けから始まり、04年に中規模の企業、05年に小規模の企業へと広がった。今では販売電力量の6割が自由化された。電気料金も電力会社と契約者の交渉で決められている。電力会社は家庭向け電力の自由化に反対してきた。しかし、東京電力福島第一原発事故後に地域独占の見直しを求める声が高まったため、自由化に従わざるを得なくなっている。経産省も原発事故を受け、専門委員会をつくって電力制度の見直しを進めてきた。

電力が完全に自由化されると、どうなる?
→今までの販売の流れ
→自由化でできる流れ
全国の大手10電力会社
地元の大手電力会社
企業、工場など大口利用者　今も電力会社を選べる
一般家庭など小口利用者　地域独占の大手以外からも買えるようになる
新規参入の新電力会社

電力自由化はこう進んできた

	2000年3月	2004年4月	2005年4月	2014年以降
全販売電力に占める自由化率	26%	40%	62%	100%
対象	大工場、デパート、オフィスビル	中規模工場、スーパー、中小ビルも	小規模工場も	家庭やコンビニも
契約電力	2千kW以上	500kW以上	50kW以上	すべて

朝日新聞　2012年5月20日

電力システム改革の基本方針

これが実現する方向になり、2011年、国内の「特定規模電気事業者(PPS)」は58社になった。2011年にサービスを開始した事業者は日産自動車をはじめ8社だったが、すでに2012年6月末までで日本製紙を含めて新たに13社が参入している。PPSが増えるのには理由がある。「卸電気事業者」と「卸供給事業者」は電力を小売りすることはできず、小売りができるのはPPSだけだからだ。この動きは電力自由化の流れを見て、小売に参入しようと動いているのだ。

電力が自由化されている国はどう電気を購入しているのかと見ると、携帯電話の購入契約に似ている。私たちが携帯電話会社を選んで乗り換えるように電力会社を選んでいる。送電線は独立性の高い公正な機関として調整をすることになる。

その動きは後戻りができないところまで動き出している。これまで電力会社の独裁的な利益を守ってきた「総括原価方式」は廃止、利益の91%までを得てきた一般家庭市場は開放されて独占できなくなる。発送電は分離されて中立的な公的管理となるので、電力会社が勝手に送電線につなげせなかったり、「解列(送電線網からはずすこと)」も一方的にできなくなる。

こうした動きがすでに始まっているのだ。しかしなぜ、人々の知らないところで進むのだろうか。おそらく日本の政府が、市民や国民の力で社会が進展したと認めたくないためだろう。実際には私たち市民の力によって、日本社会は地殻変動を始めたのだ。

電力会社が原発を止めたくない理由

電力会社はなぜ原発を廃止したくないかといえば、実際問題として、彼らの資産の多くを原発が占め、それを廃炉してしまったらその分だけ資産を失うことになるためだろう。そして彼らの財政状態は、原発を止めた分を天然ガスや石油の輸入に頼っているため赤字に転落しているためだ。大飯原発再稼動の前、関西電力の資産と負債を調べた結果があるが、固定資産額が1兆5千億円、しかしそのうち原発が8900億円で、原発を除いた資産額は6100億円で、関西電力の現状の赤字額2400億円で割ってしまうと3年待たずに破綻となる（**図69**）。このことが彼らの原発再稼動を死守しようとする理由になっている。しかし彼らの負債は自分の会社の原発だけではないのだ。原子力の使用済み核燃料を資産として計上させてもらっていた代わりに負担してきた再処理工場の費用がある。これは動いていなくても年に1100億円もかかる。大半は文科相が資金を出しているものの、高速増殖炉もんじゅもまた、動いていないのに年間200億円以上かかる（**図70**）。原発にしても中に入っている使用済み核燃料は未だ熱を持っているために、年間100億円近くかけて冷やし続けなければならない。しかも今ではすぐに報道されてしまうために下手な小細工ができないから、彼らの負債は増え続けていくしかないのだ。

図69 **ストランデッド・コストの考え方が必要**

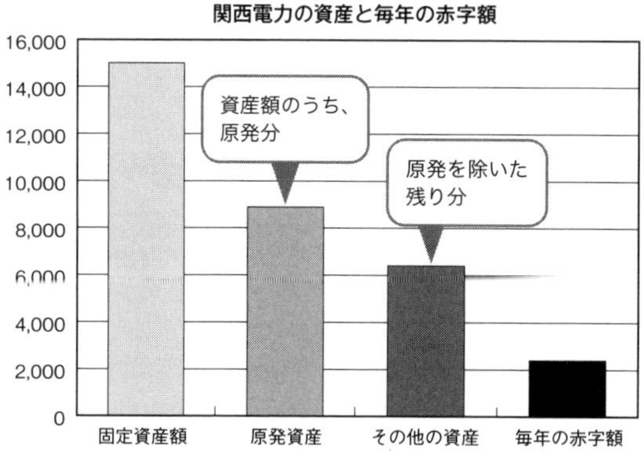

図70 原発存続は電気の問題ではなく、企業会計の問題

東京 2012.05.14

核燃料再処理工場

動かなくても年1100億円

維持費「もんじゅ」の5倍強

使用済み核燃料の再利用に向け、試験が進む日本原燃の再処理工場（青森県六ケ所村）は、仮に稼働させなくても、維持費だけで年間千百億円もの費用がかかることが、政府の資料や日本原燃への取材で分かった。再処理工場を含む核燃料サイクルは、十兆円の巨費を投じても実現のめどが立っていない。費用はいずれも電気料金などの形で国民が負担している。当てのないまま事業を続けるのか、議論を呼びそうだ。

原子力委員会で核燃料サイクル事業の是非が議論されている。二〇二〇年に原発をゼロにし、それまでに使った核燃料は再処理せずに地中に埋める直接処分が最もコストが安いとの試算が出た。ただし、推進派と反対派の主張がかみ合わず、判断を先送りするムードが出てきた。

先送りした場合、問題になるのが、ほとんど完成した再処理工場の扱いだ。新たな方針が決まるまでの間は試験運転程度にとどめたとしても、保守点検、グループ会社による警備、放射線管理、人件費などさまざまな費用が必要になるという。

核燃料サイクル事業では、高速増殖原型炉「もんじゅ」（福井県敦賀市）も、止まっていても年二百億円弱を費やすことが問題視されてきたが、再処理工場は実に五倍強の維持費だ。

本紙の取材に、日本原燃は「設備を安全かつ健全な状態に維持・管理するための恒常的な費用」と主張。現状で百億円近い再処理技術の研究費の継続さえ必要との立場だ。これらの費用とは別に、現在、核燃料サイクル施設が立地していることを理由に、政府が青森県内の自治体に支払っている交付金もある。一一年度の交付額は九十二億円。

費用も交付金も、大半は電気料金、一部は税金の形で国民が負担している。

稼働しなくても巨費がかかる
再処理工場の年間維持費

主な項目	金額（億円）
再処理工場の点検 使用済み核燃料の管理	200
廃液の分析の委託 工場の警備の委託 放射線管理の委託	200
約1500人の人件費	128
福利厚生費 再処理技術の研究費	172
固定資産税 金融機関への返済	400
計	1100

中日新聞　2012年5月17日

●再稼動の是非を政治判断する野田佳彦首相と3閣僚の会合に参加している仙石由人政調会長代行は「需給問題とはべつに、再稼動せず脱原発すれば原発は資産から負債になる。企業会計上、脱原発は直ちにできない」と強調した。

●再稼働した大飯原発3号機の出力は、出力118万キロ・ワット。その結果、休ませることにした8基の火力発電所の合計出力は384万キロ・ワット

このような原子力に偏りすぎた財政状態が、止めることを許さない原因となっている。しかしこうなることは1999年のアメリカでの電力自由化の際にすでに見えていたことだ。アメリカで電力自由化を始めると、従来規制で守られていた電力会社が競争上厳しくなった。なぜなら多額の費用がかかって長期的にしか元が取れない原子力などの資産が、重くのしかかってしまったからだ。アメリカではそのときに、「ストランデッドコスト」という考え方を取り入れた。「ストランデッドコスト」とは「どうにもならないコスト」のことで、いわば引き潮に中洲に行き、満潮時に逃げ遅れてしまい、にっちもさっちも行かなくなるようなものだ。その費用をストランデッドコストとして認めることで、アメリカでは長期的に他の電気需要家からわずかずつ徴収することで競争に不利益がでないようにした。

しかし日本でするのはどうだろうか。私は当時、東京電力と話し合う場があったので、その際に「ストランデッドコスト」の話題も出している。しかし

それに対する答えは「日本とアメリカとは違いますから」というようなものだった。しかしその当時すでに知ることのできる立場にいた電力会社が、13年も遅れて「逃げ遅れた」と言えるのだろうか。そしてそれ以上に、今や自然エネルギーの進展で規制されてきた家庭は自立することが可能になっている。電気料金が倍になると脅すが、当然人々は他社に契約を変えるだろう。それでもストランデッドコストが上乗せされて高くなるなら、自立してしまうだろう。

しかし電力会社にはこれまでの原発を推進してきたツケを払ってもらわなければならない。困ったことにつぶせばいいという話でもない。倒産させて国有化せざるを得なくなるだろう。倒産させなくていいと財界は言うだろう。なぜなら大株主である生命保険会社や大銀行は株券が紙くずになるわけだし、貸してきた社債もローンも国が保証しているもの以外は紙くずになってしまうからだ。しかし大手の金融機関が負担せずに倒産させなかった場合、すべての負担は税金になってしまう。結局のところ私たちの負担になるのだ。それなら株主や貸し込んだ金融機関に負担させたほうが私たちの負担は減る。電力会社は倒産させたほうがいい。

そして電気消費量に比例させてストランデッドコストを負担させたほうが、家庭は全体の22%しか電気を消費していないのだから負担が減る。なんということだろう。そもそも、原発はただの負債でしかないのだ。

原発を推進してきた人たち

しかし財界、商社、メディア、学者、政治家、自治体、金融機関、すべてを挙げてこれまで原子力を推進してきた。今なお何とか原発を推進しようとＩＡＥＡ（国際原子力機関）やアメリカ政府に至るまで圧力をかけてきている。

一体なぜこれほどの力が加わっていたのだろうか。（**図71**）は赤旗が記事につけたイラストだ。電力会社は「総括原価方式」を中心にした仕組みでカネを人々の電気料金から集める。原価として「オール電化の広告費」は認められていたから、いくら使っても3％の利益を上乗せして得られる。そこでこれを広告代理店に頼んでテレビ、新聞などで広告する。電力会社の広告料金は、それ単独では一位ではないが、全国に9社（沖縄を含めれば10社）ある上、業界団体である電気事業連合会は広告を出し、さらにニューモのような原子力関連組織もまた広告を出す。政府広報もある。それらを合計するとほぼ一位の資金量になるのだ。したがってメディアにとって電力会社は最大スポンサーになるので、事故後の一時期以外は批判しないことにしていた。さらに資エネ庁からは「要監視者リスト」を渡され、私を含め記事を載せればクレームを受けることになるのだから載せられない。こうしてメディアから致命的な批判を受けることはなかった。

図71 原発マフィア

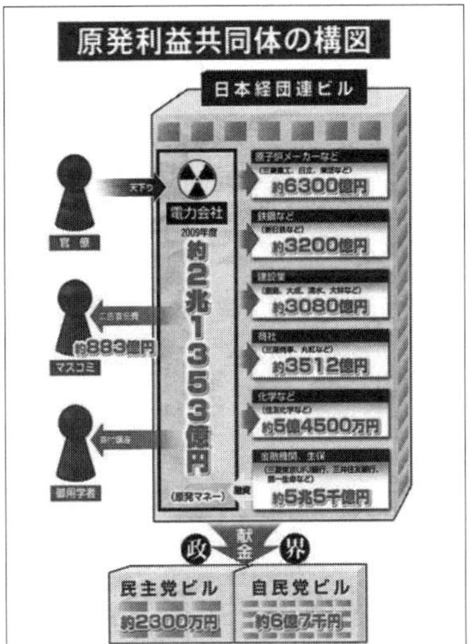

- 原発は利権を共有する人たち（マフィア）によって進められている。
- この利権が解体できなければ永遠に不滅だ。
- 少なくとも私たちの貯金を使わせたくはない。

しんぶん赤旗日曜版　2011.08,07より

六ヶ所村再処理工場は化学工場だから、経団連会長の住友化学の利益にもなっているし、原発を建てるとなれば鉄鋼・セメントは儲かり、ゼネコンには大きな利益が転がり込む。従来から電力会社と仕事をしていたところは、どれほど気前が良かったか知っている。なぜなら費用が掛かったほう

が彼らの3％の利益は増えるのだから、抑制が効くはずがない。学者はもはや企業からの寄付金が、「主食」と呼ばれるほど大きなウエイトを占めるようになっているから魂を売る。そうした学者でなければ出世もできない。官僚もまた、同期で一人が最高の地位である次官になれば、全員が退職する慣わしになっていたから天下りが必要で、その最大の受け皿が電力会社と関連会社・団体だった。自治体にとってはどうだろうか。たとえば原発のある北海道の泊村の財政を見てみると、（**図 72**）のようになっていた。まるで薬物依存症と同じだ。電力会社関連からは多大な献金が自民党に寄せられ、一部は民主党に流れた。こうして利権を中心にした一大マフィアが形成されたのだ。しかも日本では全体がそちらに流れると、「同質性依存」だから同意しなければならない。そうでないと、「空気が読めない人」として排斥されてしまう。

図 72 原発に依存する自治体財政

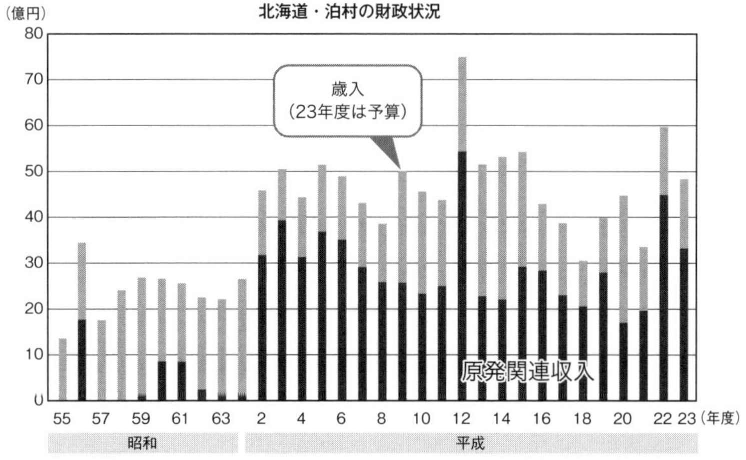

出典：「産経ニュース2012.5.3」より引用

こんなばかげた仕組みの元に原発は進められてきた。だから逆から見ると、原発推進したい人たちにとっては、総括原価方式こそが利益の元になっている。おそらくこの先も、まだまだ紆余曲折が続くだろう。彼らが利権をそう簡単に手放すはずがないからだ。

一方で彼らのつながりは利権でしかない。したがって利益が得られなくなれば雲散霧消するだろう。３１１前まで盛んにテレビに出てきていた御用学者たちは、一部を除けば姿を隠した。彼らはわかりやすく、利益のために魂を売っていたのだろう。

この原子力マフィアは、日本だけのことではない。全世界的に広がったビジネスなのだ。だから原子力の総元締めであるアメリカが反対するのも当然だし、ＩＡＥＡが「世界ではむしろ原発の必要性は高まっている」なんてデマを言うのも折込み済みの事態だ。

原発推進に関わらないために

今後の社会では、原発に関わることは不名誉なことになっていくだろう。これは困ったことだ。原発の後始末には長い年月と優秀な知性が必要なのに、よほど人々の倫理観が高くならなければ集まりそうにないからだ。早く原発推進という愚かな選択をやめさせて、堂々と原発の後始末という崇高な仕事に、優秀な人材が志せるような社会にしないといけない。そのためには完膚なきまでに原発推進の機運をなくさなければならない。

そのためには私たちの生活の中から、支えてしまっている部分を探して、ひとつずつ消していかなければならない。一番大きいのは金だから、株主構成から見てみよう。3.11事故以前と比較して、変わらない株主と逃げた株主、増やした株主がいる。増やしたのはひとつだけで、東京電力従業員株主会だけだ。株取得に対して原価に計上できる助成金があったとはいえ、ある意味、気の毒な存在だ。変わらない株主としては東京都、三井住友銀行、みずほコーポレート銀行だ。それ以外はすべて減らしていて、損はしているだろうが日本トラスティ・サービス信託銀行は最も大きく減らし、次いで日本生命、第一生命、日本マスタートラスト信託銀行が減らしている。逃げられない株主である東京都はそのため事故後に一位となってしまい、二位は東京電力従業員株主会になってしまっている(**図73**)。

こうした金融機関にお金があるなら下ろそう。金融機関としては再稼動を強く支持しているはずだから。破綻してしまえば、彼らの株が紙くずになるのだ。また、それらの生命保険会社にかけているなら他社に変更しよう。幸い、日本には世界一掛け金の安い共済保険があるから、時期を見て変更しよう。金融機関を選択するときは、今後はその意識で選択しよう。たとえば城南信金は「脱原発宣言」をしている。ろうきんなら営利事業者には貸し出しできないし、地域にしか融資できない信用金庫、信用組合もいいと思う(**図74**)。

それにしても金利で考えたら、今の貯蓄はほとんど金利がない。0.0数%程度だ。それならもっと儲かる方法がある。それが省エネ製品の購入だ。たとえば省エネ冷蔵庫になる前の特定フロンや代替フロンガスを冷媒に使っている冷蔵庫を使っているなら、それを買い換えると年間に2万円程度は電気料金が減る。それを金利に直して考えたら、そのほうが得になるからだ。収入を得ることと、支出を減らすことは同じ効果がある。収入を増やそうと金利を選択するより、将来の支出を減らせる省エネ製品や太陽温水器、雨水利用などのほうが得になるからだ。できれば電気の自立を目指してしまおう。そのほうが有益だ。経済的にも、社会的にも。

もちろん原発を推進する意見を述べている会社の製品は買わないようにしよう。それらの企業はなんらかの利益のつながりがあることが多いからだ。

原発廃炉は2030年では遅すぎる

日本は世界でも稀な地震多発国であることは誰もが理解していることだろう。今回の事故でも、メルトダウンする前に高濃度の放射能が検知されていたことを一年半経って公表したように、実際には津波で壊れる前に原発は破壊されていた可能性が高い。津波は発電機を押し流しはしたが、原発そのものを破損させてはいないからだ。今回の原発事故の原因を津波だけに押しつけようとするのは彼らの策略だ。それなら津波以外のたとえば地震だけなら事故にならないと強弁できるからだ。しかし、それではなぜメルトダウン前に放射能が検出されているのか。

2030年に原発ゼロというのはおそらくまやかしだろう。スウェーデンがそうであったように。そこでどの原発が2031年以降に残るのか調べてみた。もし政府がウソをつかなかった場合、最長50年で廃炉、新規原発はないという想定だ。すると残る原発は北海道の泊、福井の大飯、新潟の柏崎刈羽、石川の志賀、静岡の浜岡、愛媛の伊方、佐賀の玄海、宮城の女川、青森の東通の各原発になる。どの原発も活断層と地震の心配ある原発ばかりだ。現に震災で事故になりかけていたのが宮城の女川、青森の東通、中越地震でヨウ素を排気したのが新潟の柏崎刈羽だ。東海地震の震源地の真上にある静岡の浜岡、中央構造線の真横にある愛媛の伊方、活断層の懸念のある福井の大飯、石川の志賀、加圧水型原発で1号機では脆性遷移温度が非常に厳しくなったのと同じ形式の佐賀の玄海3，4号機という状況だ(**図75**)。どの原発を考えても2030年までは安全に運転できると言えるものではない。

ヨーロッパが「将来、何年までに停止」と言えるのは、不慮の天災の心配がほとんどないからだ。日本ではいかに設備が安全だといわれても、それを超えるような天災がいつ起こるともしれない。大飯原発再稼動のときに野田首相が「私の責任」と言ったが、人々が心配していたのは地震や天災だった。それは首相の責任で止められるものではない。

そして青森の大間原発の建設工事が再開され、続いて島根原発3号機、東通原発1号機の建設が再開されそうだ。「新設は認めない、40年で廃炉」という原則はどこにいったのか。「2030年代にゼロ」ということは、40年経たないわずか20年過ぎで廃炉するというのか。すでに発する言葉同士が矛盾してしまっている。しかも上に述べたように、電力システムの改革は、よほどの政府からの補助金が出されなければ、原発を存続できなくさせる。それは将来の社会に負担しきれないほどの負債を残し、核燃料の保管ですら困難にさせ、日本の経済を破綻させる。

よく原発を「経済のため、暮らしのため」と聞くが、福島の人たちの経済や暮らしはどうなるのか。将来の子どもたちの社会はどうなるのか。それでも今、進めていかなければならないものなのか。思いやる気持ちのなさ、自分だけのエゴが原発を動かしているようだ。

図73 事故後の東京電力の株主構成の変化

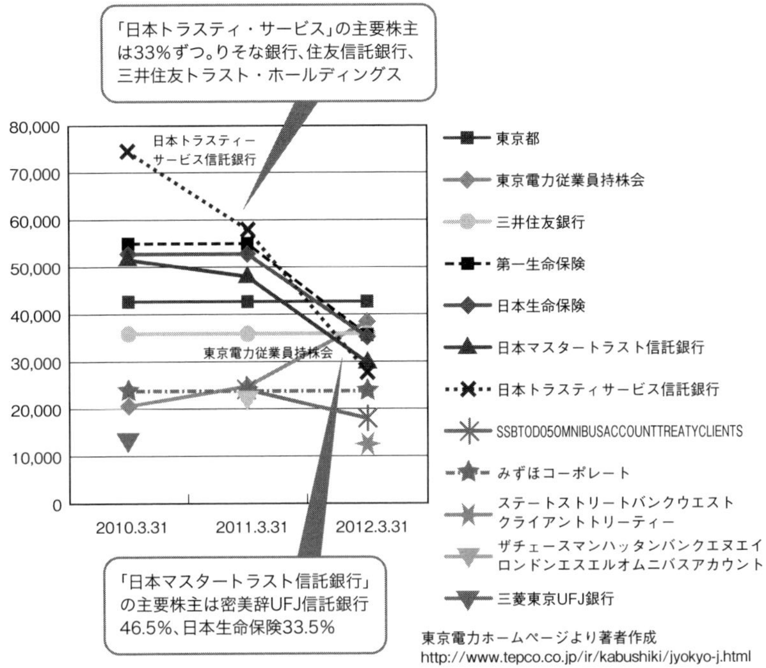

東京電力ホームページより著者作成
http://www.tepco.co.jp/ir/kabushiki/jyokyo-j.html

図74 カネ

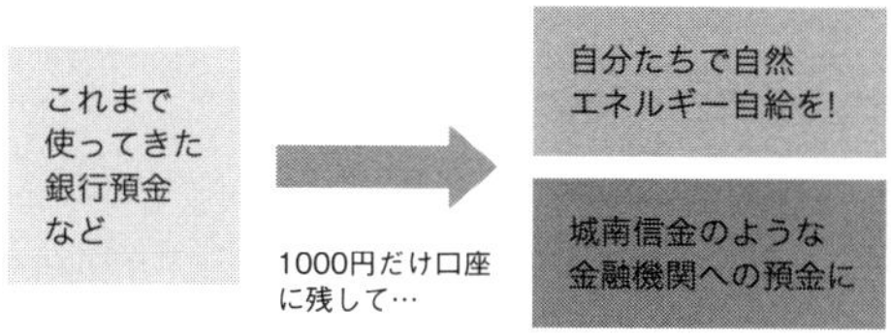
これまで
使ってきた
銀行預金
など
1000円だけ口座
に残して…
自分たちで自然
エネルギー自給を!
城南信金のような
金融機関への預金に

●自分の貯金を原発推進に使わせない!

●地域独占電力会社から独立する!

図75 2030年以降まで動かされる原発一覧

原発名	号基	定格出力（万kWh）	運転開始	経過年数	型炉	廃炉予定年（40年経過）
泊発電所	2	57.9	1991	20	加圧水型原子炉	2031
大飯発電所	3	118.0	1991	20	加圧水型原子炉	2031
柏崎刈羽原子力発電所	3	110.0	1993	18	沸騰水型原子炉	2033
志賀原子力発電所	1	54.0	1993	18	沸騰水型原子炉	2033
大飯発電所	4	118.0	1993	18	加圧水型原子炉	2033
浜岡原子力発電所	4	113.7	1993	6	沸騰水型原子炉	2033
柏崎刈羽原子力発電所	4	110.0	1994	17	沸騰水型原子炉	2034
伊方発電所	3	89.0	1994	17	加圧水型原子炉	2034
玄海原子力発電所	3	118.0	1994	17	加圧水型原子炉	2034
女川原子力発電所	2	82.5	1995	16	沸騰水型原子炉	2035
柏崎刈羽原子力発電所	6	135.6	1996	15	沸騰水型原子炉	2036
柏崎刈羽原子力発電所	7	135.6	1997	14	沸騰水型原子炉	2037
玄海原子力発電所	4	118.0	1997	14	加圧水型原子炉	2037
女川原子力発電所	3	82.5	2002	9	沸騰水型原子炉	2042
東通原子力発電所	1	110.0	2005	6	沸騰水型原子炉	2045
浜岡原子力発電所	5	138.0	2005	6	沸騰水型原子炉	2045
志賀原子力発電所	2	135.8	2006	5	沸騰水型原子炉	2046
泊発電所	3	91.2	2009	2	加圧水型原子炉	2049

※各発電所のデータより著者作成

●2030年時点、原発は設備量で8%、発電量で12%にしかならないのに、なぜ15%シナリオや25%シナリオがあるの? どっちがウソ?

●しかも活断層が見つかっている原発や、知事が再稼動を拒否している原発ばかりなのに、可能なの?

第8章

もうひとつの未来

世界の先進国の家庭の中で、エネルギー消費量が最も少ないのはどこの国の家庭だろうか。その答えが(**図76**)だ。日本の家庭は世界の先進国の中で最もエネルギー消費量が少ない。それなのに自治体や国、電力会社までが「私たちひとりひとりの心がけ」とか「ライフスタイルの問題」だとか言う。私たちの暮らし方こそが世界の模範なのに。だから私はライフスタイルの問題にすりかえるのは間違いであると思う。そもそもエネルギー消費全体の中でも、家庭の割合は四分の一しかないからだ。努力すべきなのは特に大口で消費する事業者であるのに、それを家庭のせいにしても何も解決しないからだ。

図76 日本の家庭は省エネ生活!

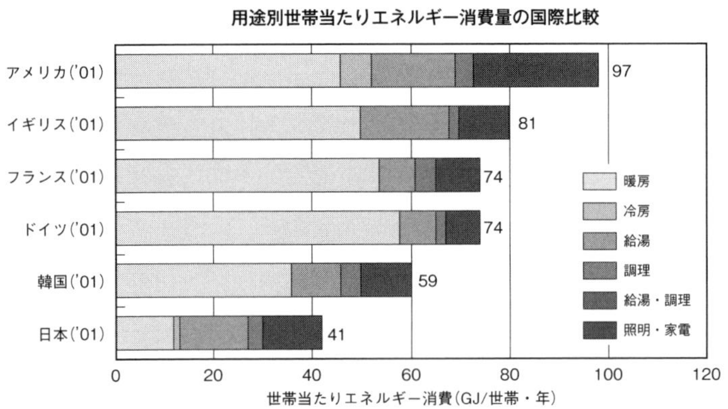

住環境計画研究所調査結果による(2007年6月)
www.meti.go.jp/committee/materials2/downloadfiles/g90514b05j.pdf

そのことを前提にした上で、まだまだ節電・省エネできる部分がある。そのエネルギー消費の中を見てみると、電気は三分の一、お湯が二分の一、暖房が三分の一となっている。実に三分の二が熱利用で、熱利用の効率化がエネルギー全体にとっては重要なのだ。しかしここでもまず鉄則を考えよう。「新たなエネルギーを入れる前に省エネすること」が大事だ。暖房なら断熱を、給湯なら保温を考えることになる。暖房に対する断熱策としては、第2章で説明した「断熱内窓」のような仕組みが重要だ。

風呂に関しては、何より風呂の湯にふたをすることだ。浴槽全体を覆うものは最初からついているが、もうひとつ、水に浮かべるシートも利用すると冷めにくくなる。さらに浴槽全体を魔法瓶のように断熱材でくるんで保温する商品もあるが、もう一点重要な点がある。風呂釜でお湯を沸かす場合と直接給湯する場合を比較すると、直接給湯したほうが14%ほど省エネになる。給湯器はガスの熱源と水の流れを反対方向に熱交換させて、熱の最後のひとつまで利用するからだ。特に「エコジョーズ」という給湯器の熱効率は、実に95%になる。わずか5%しか排熱せずに使ってしまう。それに対して風呂釜は、どうしても構造的にロスが大きくなってしまうため、水から沸かすよりは給湯器からお湯を入れたほうが効率が高くなるのだ。

今の世界一省エネになっている日本の家庭でも、まだまだ省エネが可能なのだ。省エネと自然エネルギー利用について見てみよう。

給湯と風呂の利用

一方、風呂釜の追い炊きの効率を高くするためには、熱と水との接触面積を大きくすることになる。しかしこのことが熱していないときにアダになる。熱していなくても風呂桶の水は風呂釜の加熱部を循環する。すると熱していない広い接触面積から、外の冷たい空気に風呂の湯の熱を放熱してしまうのだ。これを防ぐ「ふろッキーデラックス」という逆止弁が販売されている。残念ながら二つの穴がついている風呂桶にしか使えないが、こちらの開発のほうが給湯効率を向上させることより先に必要だと思う。

こうした熱エネルギー利用は、**第5章図48**で見たように電気でまかなうのは効率的でない。ただし電気式の給湯器「エコキュート」やエアコンは、外の潜熱を集めて使う「ヒートポンプ」機能があるので、元の電気の何倍かは熱を集熱することができる。一方ガス器具メーカーのリンナイは、先ほどの「エコジョーズ」の機能にヒートポンプ機能を加えたものを開発している。
(http://www.rinnai.co.jp/releases/2010/0204/index.html)

また、ホンダが製作した「エコウィル」というガス給湯装置は、発電しながらお湯を沸かす。コジェネを自宅で行える装置だ。エネルギー効率と深夜電力の価格高騰から見て、ガスの側に軍配が上がりそうだ。(http://home.tokyo-gas.co.jp/living/ecowill/merit/envi.html)

そこに入れる自然エネルギーは、太陽温水器が抜群に良い（**図77**）。太陽温水器は太陽光発電よりはるかに効率が良く、圧倒的に価格が安いからだ。このお湯をつなぐときに、温水器に対応した給湯器を使えば、そのまま同じように使うことができる。太陽温水器を購入した資金は、数年で元が取れるのが通常だ。

図77 太陽温水器を導入する

●太陽光発電より安く、効率が高い。
●夏場は晴れていると80℃まで上がる。冬場でも60℃になる。

暖房の熱利用

断熱を前提として、暖房熱を自然エネルギーにするとしたら、ペレット・ストーブや薪ストーブが良い（**図78**）。薪は生木を燃やすことはできないので、必ず切り倒してから半年以上経った乾いた木材を使わなければならない。ただし大きいので場所が必要だが、生木を燃やすことのできる薪用のウッドボイラーをATO（エーテーオー）が発売している(http://www.ato-nagoya.com/boiler/prod.html#n-200nsb)。薪を集められる場所でお湯をたくさん必要とするところには有効だ。

図78「さいかい産業」のペレット・ストーブ

●バーク(木の幹の皮)他、ペレットの種類を問わず使える。
●小さく、外壁は熱くならず、防火工事不要で室内の空気を汚さない。

http://www.saikai-sangyo.com/

しかし都会では薪の量を確保することも、室内にスペースを確保することも困難なので、ペレット・ストーブが良い。ペレットとは木材かすを細かく粉砕し乾燥させ、それを圧縮することで、木材に含まれているリグニンによって固めたものだ。特に接着剤などは使っていない（**図79**）。新潟の「さいかい産業」が生産しているペレット･ストーブが熱効率も高くてコンパクトな設計になっている。

図79 木質ペレット

http://www.ato-nagoya.com/boiler/prod.html#n-200nsb

このペレット・ストーブの良い点は、熱量が一定で自動運転ができ、灰の量が少なく普通のストーブのように使えることだ。廃熱は二重管の内側を通り、外側を外気が通るので煙突が熱くならないので防火工事も必要ない。薪よりはずっと場所はとらないが、それでもペレットがかさばるので積んでおくとしたらスペースが必要になる。私が運営している非営利の天然住宅で「ペレット交換カード」というものを作っている。はがきを先に1300円で買い、ペレットが必要になったらはがきを投函する仕組みだ(**図80**)。そうすると数日で20kgのペレットが宅急便で届けられる。これなら積むスペースも20kgのペレットを運び込む手間も不要になる。ペレット・ストーブは長持ちするが、設置工事費を含めて30～50万円程度かかるので、灯油やガスのように安くないことが欠点だ。これが発達してくれば、ヨーロッパのように地域暖房の仕組みも作れるし、給湯できるのだからお風呂のお湯もこれでまかなうことができるようになるだろう。

図80 ペレット交換ハガキ

http://www.saikai-sangyo.com/

しかも化石燃料をほとんど使わず、排出される二酸化炭素も再度植林されていれば吸収されていく。化石燃料を使うのは木材をペレットにする工程と運搬で、そこのエネルギー消費もなるべく自然エネルギーに変えていく努力をしている。完全な「カーボンニュートラル（炭素的には中立）」を目指している。しかも日本は森の国で、国土全体の68%が森に覆われている。その木材が使われないために、森は滅びかけている。今すでに伐採期を迎えているのに放置されたているのだ。これを使っていくことが、日本の森を守っていくことにも大きく貢献する。

日本の地方の最大の資源は森なのに、それが使われていないのだ。日本は戦前まで、木材資源の四分の三を熱利用に使っていた。それが現在ではほとんどゼロになってしまっている（**図81**）。このことが地方の資源を生かせない結果になってしまっている。これを使うことができたなら、石油の輸入量を減らせることになる。そうすれば中東に支払っている化石燃料の費用が地域内に戻るので、雇用が増えて熱量代は逆に減る。

図81 本来林業はエネルギー事業だった！

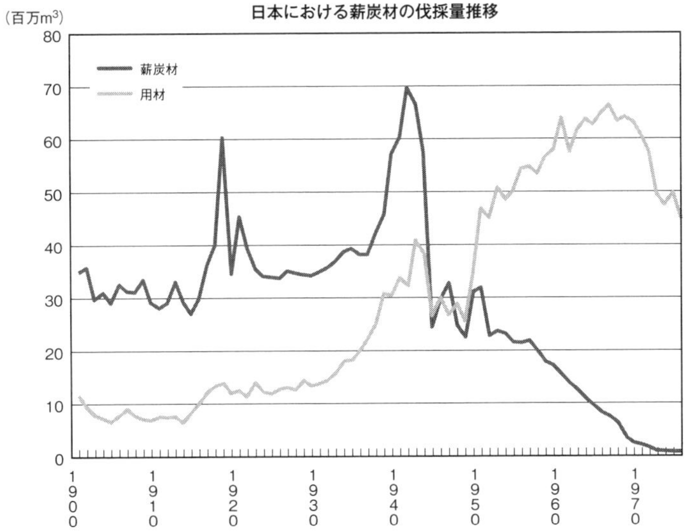

出典：http://www.saikai-sangyo.com/pdf/smartvillage.pdf

実際にそれをやった事例がオーストリアにある。人口一万人の町で、石油やガスから木材のバイオマス利用に変えていった。化石燃料を使っていた頃、雇用者数はわずか9人だった。ところが木質バイオマスに変えてから、雇用者数は135人に増えている。実に雇用者数は15倍になっている（**図82**）。

図82 森林エネルギーは地域の雇用を生む

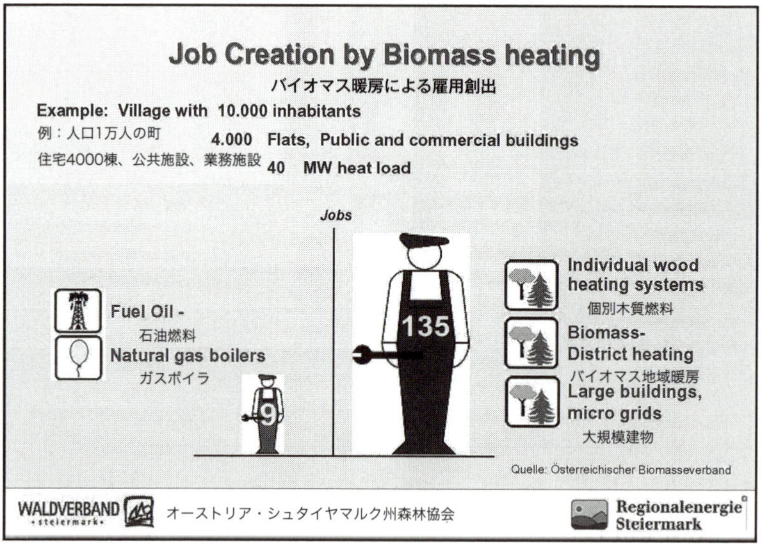

http://www.saikai-sangyo.com/pdf/smartvillage.pdf

スマートグリッドの可能性

電気については世界でスマートグリッドが伸びてきている。「賢い送電網」と訳されるが、そもそもはアメリカのエイモリー・ロビンスが1970年代に提唱していたものだ。それは小さな自然エネルギーを各家庭、地域レベルに配置し、それを双方向の送電線で結んでいく。その余剰の電気は電気自動車のバッテリーなど各地に貯めておく。それらを双方向の情報網によって必要な電気需要に割り振っていくものだ。全体としてはテトリスゲームに似ている。それぞれの形のエネルギーを、需要に合わせて当てはめていくのだ。

その仕組みはすでに第５章で紹介した北九州市の八幡東区で行われている実験の延長線上にある。第６章で紹介した電気自動車リーフの仕組みの延長線上にあるものだ。もはや実現する一歩手前まで来ていると言えるだろう。

かつてテレビは一方通行のメディアだった。今はインターネットによって双方向のメディアが当たり前になってきている。かつて電気は巨大発電所から一方的に送られてくるものだった。しかしいまや電気は地域で生み出すことが可能なものになりつつある。他の先進国では電気を選ぶのは、携帯電話を選ぶのと変わらないものになっている。かつて電気自動車は架空の乗り物だった。しかし今では特別珍しいものではなくなってきている。そして、かつて電気は貯められないものだった。それがついに貯められるものになりつつある。

それらの発展を経て、ついに電気も変わる時代が来たのだ。「既得権」などというものは存在しないが、これまでの仕組みに利権を持つ人々は大きな反対を続けるだろう。しかし事態はもっと進行する。この数年、世界で最大規模で投資されているのがスマートグリッドなのだ。それに必要な技術としては､「省エネ技術」「バッテリー」「電気自動車」「自然エネルギー」「ＩＴ技術」の五つがある。しかしその五つの技術で世界で最も優れている国はどこだろうか。そう、この日本なのだ。現実にスマートグリッドをアメリカの雇用回復のために進めてきたオバマ大統領は、怒ったことがある。「アメリカの経済回復をめざして進めているのに、売れているのは日本製品ばかりではないか」と。

これを日本が進めない手はない。この福島第一原発事故が、この日本に新たな可能性の扉を開くことになった。それならば、この不幸な事故をきっかけにして、この絶望的だった日本社会を、変えていくターニングポイントにしたらいい。

自然エネルギーで雇用を

そもそも自然エネルギーは大きな雇用を生む。ドイツでは現在自然エネルギーが、38万人の雇用を生み出しているが、そもそもなかった産業だ。この雇用者数は「トヨタ自動車の従業員、69,148人、トヨタ自動車グループ全体で325,905人」の数字を超えている。これほど大きな雇用を生み出すのだ。

それだけではない。そもそも地域が活性化しているときというのはどういうときだろうか。地域内でモノとサービスがよく回転しているときが地域の活性化しているときだ。そのとき、反対方向に回転しているものがある。それがカネだ。つまり地域の活性化の程度とは、「地域の資金量×回転数」で測ることができるのだ。そこから考えると、地域でカネが回れば地域が活性化する。日本国内でカネが回れば国内経済が活性化する。しかし一切地域も国内も活性化させないものがある。それが海外に流れ出ていってしまった資金だ（**図83**）。海外に支払っていた化石エネルギーのための費用を国内に循環させられれば、地域と国内を活性化させることができるのだ。日本はたった四つのエネルギー資源、「石油、石炭、天然ガス、ウラン」のために、一体いくらを海外に支払ってしまっているのか。それを見たのが（**図84**）だ。なんと2008年では、24.5兆円も支払ってしまっている。日本の実質国家予算は概ね40兆円であることを考えると、この費用は莫大すぎる。そのグラフに貿易収支を重ねてみると、見事に反比例のグラフを描き、2011年にはついに31年ぶりの貿易赤字を記録してしまっている。2012年上半期だけでもすでに約3兆円弱の赤字だ。こうして日本は国富を海外に流出させ続けて、崩壊していってしまうのだろうか。

図83 資金をどこで回転させるか

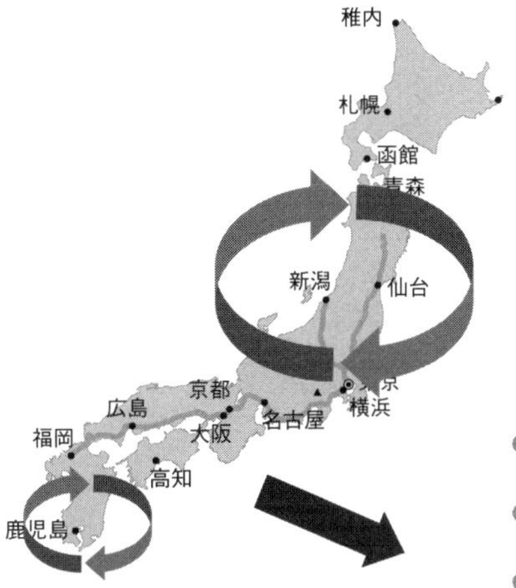

- 資金が地域で回転すれば、地域経済を活性化させる。
- 資金が国内で回転すれば、国内を活性化させる。
- 海外に流出すれば、活性化につながらない。

図84 エネルギーの国内回復で経済回復を

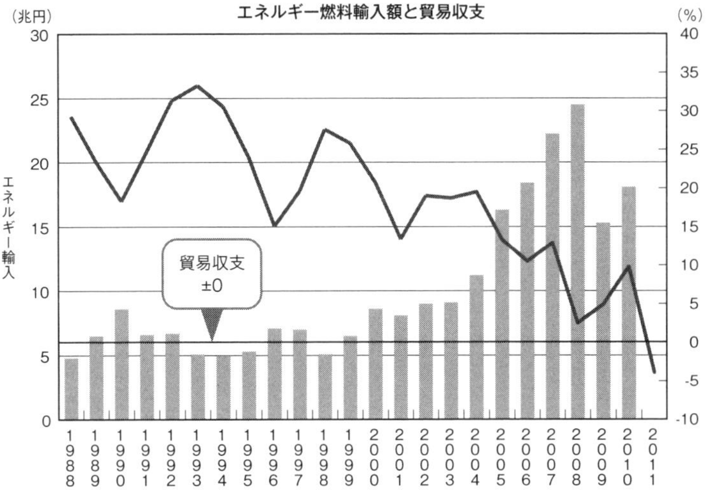

(出所)財務省「貿易統計」、石油連盟「内外石油資料」をもとに作成。

しかしもしこの資金が国内で循環していたらどうなっていただろう。24.5兆円を47都道府県で割ると、5213億円になる。もし自然エネルギーによってこれらのエネルギーがまかなわれるなら、毎年各県ごとに5200億円もの資金が循環したのだ。それだけの資金が今は電力会社や石油商社などを経由して中東などに流れ出てしまっているが、それが国内に回るなら経済はその分だけ活性化する。しかも自然エネルギーの雇用者数は従来の化石燃料輸入による国内雇用者数よりはるかに大きくなる。そうすると、地域にたくさんの雇用が生まれることになるだろう。

今や学生の新卒者すら就職が困難で、2011年の「就活自殺者」数は150人、うち52人が学生だった。そもそも「就活自殺」なんて言葉は日本以外にはないのだ。こんな社会は誰も望まない。ならば地域にエネルギーを作り出す雇用先を生み出して、自分で仕事を生み出していく社会をつくろう。

もうひとつの未来を

今まで、原子力からの資金を最も受け取ってきたのは福井県だった。年間の補助金などの受取額は約250億円に上っていた。しかし国内でエネルギーが循環したら、一都道府県あたり5213億円になる。これまで福井県が得ていた補助金など20分の1になり、ほとんど5000億円を超えた額の端数分程度にしかならない。

さてそこで考えてみてほしい。あなたが福井県知事だとして、250億円をもらい続ける代わり、死ぬかもしれないが原発を動かし続けるのがいいか、それとも5213億円を受け取って雇用を作り、原発の危険性を原発ごとなくし、地球温暖化に怯えなくていい社会を作り出すのと、どっちがいいと思うだろうか。自然エネルギーになれば、二酸化炭素の排出量は激減するので地球温暖化の問題は解決する。しかも海外から石油などを奪ってくる必要もなくなるので、世界の紛争の大きな原因となっているエネルギー紛争が不要になる。つまり世界はかなり平和になる。そのどちらを選びたいだろうか。
　すると私たちの直面している問題の全体像が見えてくる。私たちが「将来を選択しろ」と言われても、「もうひとつの未来」が教えられてこなかったのだと。いや、もっと積極的に、私たちがもうひとつの未来の姿を作ってこなかったのだ。私たち自身で新たな未来像を作り出そう。そして多くの人たちに伝えよう。選択するのはどっちでもかまわない。原発がある社会がいいと答える人がいてもいいし、逆の意見でもいい。それはその人の判断だからだ。しかしもうひとつの選択肢が与えられない中での選択はフェアではない。「原子力がなかったらこうなるんだ、ああなるんだ」という言い方は、選択肢を与えていないのと同じだ。
　私たちにはもっと強く、「もうひとつの未来」をイメージできる力が必要だ。それを今やメディアに頼らなくても伝達できるツールになったインターネット、フェイスブックやツイッターなどのSNSを使って伝達しよう。いまやメディアは市民メディアの後追いする存在になっているのだから、市民が先行して進めてしまえばいい。
　私は誰かがヒーローのように社会を変えるのは望まない。それはファシズムのようになってしまうからだ。そうではなく、みんながそれぞれの足で立ってネットワークして社会を変えていくほうがいい。誰かの力ではなく、みんなそれぞれの個性で。それが次の社会のフットワークになるといい。
　社会は誰かの力で変えられてしまうものではなく、のろまでも人々の納得づくで変化すべきものだ。性急な一部の人の変化では、それは反動によって必ず揺り戻されてしまうのだろう。今生きている私たちの社会は、エネルギーの民主主義を実現する、大きな変革期にある。その時代をどう生きるか、それが今、問われている。

あとがき

もしドイツのような社会にできるとしたら、面白いことが起こる。ドイツでは温室効果ガスの排出量と、GDPの伸びとが反比例したと述べた。もし日本に適用するなら、日本のGDPを本来の競争力の側に伸ばしていったなら、温室効果ガスは四分の一も減ることになる（**図85**）。

図85 ドイツのようにGDPとGHGが反比例したら

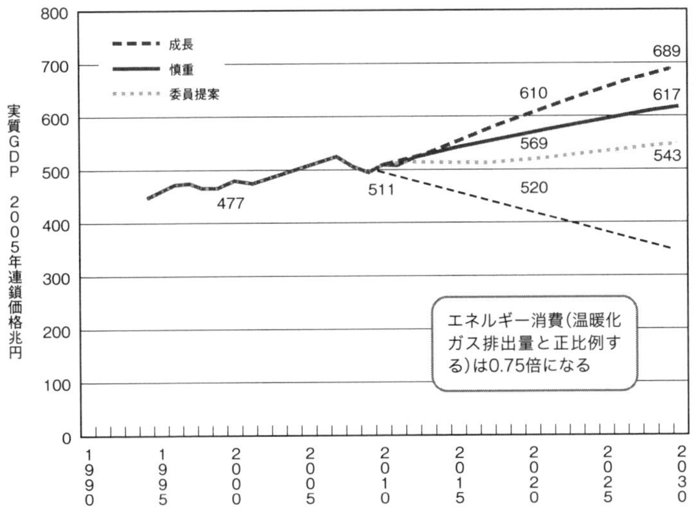

さてそれは、どんなマジックを使ったらできるのだろうか。ここにもうひとつ、ドイツと日本の大きく違っていた点がある。よく似ている両国なのに、「就業者一人当たりの輸出額」という数字では、日本が12,300ドルであるのに対して、ドイツは31,300ドルもあるのだ。ドイツのほうが2.5倍も一人当たりの輸出額が多いのだ（**図86**）。もちろんドイツ人が日本人より2.5倍勤勉

だということではない。

図86 日本とドイツの貿易データ比較

		日本	ドイツ
輸入(oit)	10億ドル	854.0	1,255.5
前年比(%)	自国通貨建て	+12.1	+13.2
輸出(fob)	10億ドル	821.8	1,475.6
前年比(%)	自国通貨建て	-2.7	+11.4
就業者一人当たりの輸出額	1000ドル	13.8	36.0
GDP(名目)に占める輸出の割合（自国通貨建て）		14.0%	36.0%
貿易収支	10億ドル	-20.3 （輸出入:fob）	+220.1 （輸入:cif輸出:fob）
経常収支	10億ドル	+119.7	+205.5

出典：「在日ドイツ商工会議所」（http://www.japan.ahk.de/jp）より
データは以下
http://www.japan.ahk.de/fileadmin/ahk_japan/Media-Daten/Member_Services/Economic_Data_2012_Germany_and_Japan_2011.pdf

その答えはドイツは「高付加価値のものを作って輸出している」ということなのだ。日本はいつも価格でばかり勝負しようとしている。デザインが優れていても価格に反映しないし、性能が優れていても価格に反映させていない。しかも日本はその製品を作るための中間財をどんどん輸出してしまうから、製品をどんどん陳腐化させてしまう。このままでは日本は中国と競争することになる。中国は安い人件費や緩い環境規制、人権意識の低さを利用して、低価格で競争してくるだろう。それに日本が同じ土俵で競争したなら、いずれ日本の人件費も何も、中国と並んでしまうだろう。

日本が日本として存在し続けていくためには、現在の経済界のような低価格、人件費抑制路線ではダメだ。ドイツが進めているような高付加価値路線に進んでいかなければならない。日本は中国型、ドイツ型、そのどちらの生産モデルを選択するのかの岐路にいるのだ。私たちにとって必要なのは、100円ショップで大量にモノを買い込むことではないのではないか。それより自分だけのモノを少量だけ、自分らしく手にすることなのではないか。
　そのきっかけになるのが今の時点の選択ではないかと思う。

　この本ではとにかく、もうひとつの選択肢があることを伝えたかった。選ぶ前に選択肢を知ることが重要だからだ。その選択肢というのは「脱原発」というような言葉だけではダメだ。言葉だけではイメージが伝わらない。私たちの言葉はイメージを伴って初めて他者に伝わるものになる。このままでは「原発のあるこれまでの社会」と、「脱原発」という言葉だけの選択になる。脱原発した社会がどのようなものであるのかイメージを伝えられなければならない。本書に書いたように、それは原発の危険性を避けられるだけでなく、雇用が増えて地方の地域が活性化し、アラブの王様たちに支払っていた資金が国内に回って貿易赤字が反転し、一都道府県当たり5,210億円もの資金が毎年国内をめぐる社会になる。地球温暖化の原因となっていた二酸化炭素の排出量が減り、石油を奪い合わなくてよい社会になることで戦争が減り、安心して生きられる社会に近づくことになる。
　社会がヒーローによって作られる社会だとしたらファシズム同然になってしまうし、そうした社会は政権が変われば逆転される。社会は多くの人の選択によって作られなければならない。

　私がこうした活動を続ける原動力になっているのは、子どもたちや未来世代に対するいとおしさだ。子どもは未来を現実に創っていく。子どもは未来の化身なのだ。その子どもたちに一方ではとんでもない汚染された未来をつくってしまった。でも一方で、新たな社会も作ったんだよと言いたい気がする。

　そして2050年になった頃、子どもたちにこう言われたい。

「こんな良い社会になったのは、2011年3月11日がターニングポイントになっていたんだね」と。そのためだったら何でもしたいと思うのだ。

福島原発事故は痛ましいものだった。しかもまだ終わらない。これからもっと多くの犠牲を生み出してしまう可能性がある。しかしその先に新たな良い社会を生み出せるなら、その犠牲すらも教訓にできるだろう。しかしまた繰り返すなら、私たちは何のために存在していたのかわからなくなってしまう。私たちの子どもたちの未来のために、今、やれるだけのことはやっておこう。

この本はいったん、「武田ランダムハウス」社から出版された。しかしその２週間後に残念ながら同社は倒産してしまった。幸いなことに、以前に『地宝論』を出版していただいた「子どもの未来社」から再出版の機会が得られた。同社社長の奥川 隆さんの配慮に感謝したい。それを機会にタイトルとデザインを改め、出版させていただいた。この本はまさに、社名そのものと趣旨が重なっている。それを幸せなことと感じている。また、この本の出版には特に、合同会社「Office YU」のマネージャー、渡辺加奈子さんの支えなしにはできなかった。ここに記して謝辞としたい。

2013年2月4日

田中　優

田中 優（たなか・ゆう）

1957年東京都生まれ。地域での脱原発やリサイクルの運動を出発点に、環境、経済、平和などの、さまざまなNGO活動に関わる。現在「未来バンク事業組合」理事長、「日本国際ボランティアセンター」理事、「ap bank」監事、「一般社団　天然住宅」共同代表を務める。現在、立教大学大学院、和光大学大学院、横浜市立大学の非常勤講師。

著書（共著含む）に『環境破壊のメカニズム』『日本の電気料はなぜ高い』『どうして郵貯がいけないの』（以上、北斗出版）、『非戦』（幻冬舎）、『Eco・エコ省エネゲーム』『戦争をやめさせ環境破壊をくいとめる新しい社会のつくり方』『戦争をしなくてすむ世界をつくる30の方法』『世界から貧しさをなくす30の方法』（以上、合同出版）、『戦争って、環境問題と関係ないと思ってた』（岩波書店）、『地球温暖化／人類滅亡のシナリオは回避できるか』（扶桑社新書）、『おカネで世界を変える30の方法』『天然住宅から社会を変える30の方法』（合同出版）、『いますぐ考えよう！未来につなぐ資源・環境・エネルギー　1〜3』『今すぐ考えよう地球温暖化！　1〜3』（岩崎書店）、『おカネが変われば世界が変わる』（コモンズ）、『環境教育　善意の落とし穴』（大月書店）、『原発に頼らない社会へ　こうすれば電力問題も温暖化も解決できる』（武田ランダムハウスジャパン）、『地宝論』（子どもの未来社）他多数。

著者ホームページ「田中優の‘持続する志’」http://www.tanakayu.com/

ブックデザイン　椎名 麻美
イラスト　みよこみよこ
図表作成　B+Garden

子どもたちの未来を創るエネルギー

2013年3月4日　初版第1刷印刷
2013年3月4日　初版第1刷発行

著　者　田中優（たなか　ゆう）
発行者　奥川 隆
発行所　子どもの未来社
〒102-0071
東京都千代田区富士見2-3-2-202
電話：03-3511-7433
FAX：03-3511-7434
E-mail:co-mirai@f8.dion.ne.jp
http://www.ab.auone-net.jp/~co-mirai
振替 00150-1-553485
印刷・製本　株式会社シナノ

ISBN978-4-86412-061-6　C0036